발명가로 성공 하는 길

김 인 석 지음

세창출판사

머 리 말

발명가의 눈에는 미래가 보인다
— '1국민 1발명시대' 열어야

　　불과 2년 전까지만 해도 국제무대에서 선진국 행세를 하며 국민의 혈세를 낭비한 국가. 실리는 외면하고 덩치 늘리기에 급급하며 중복 및 무리한 투자로 빚더미에 올라선 기업. 분수는 모르고 중산층이니 상류층이니 하며 소비를 일삼은 일부 국민들. 그 결과는 IMF시대를 불러들이고 말았습니다.

　　대기업·중소기업·자영업 할 것 없이 줄줄이 무너지고, 거리에는 실업자가 넘쳐나며, 땀 흘려 열심히 일한 죄(?)밖에 없는 성실한 근로자들까지도 구조조정이니 정리해고니 하는 말에 불안해하고 있습니다.

　　더더욱 안타까운 것은 학교를 졸업하고, 입사시험 한번 쳐보지 못한 채 실업자가 되어버린 고등학교 및 대학교 졸업생들입니다. 어쩌다가 우리 나라가 이 꼴이 되어버렸을까요?

　　여러 가지 원인이 있겠지만 가장 큰 이유는 신기술 개발, 즉 발명에 소홀했기 때문입니다. 우리가 하루 빨리 IMF를 극복하고, 선진국으로 진입하는 길은 발명을 장려하고, 발명가가 대접받는 시대를 여는 것 외에는 달리 방법이 있을 수 없을 것입니다.

　　국가산업발전에 기여하는 발명가가 연예인이나 운동선수만

도 못한 대우를 받고서야 어찌 발명부국을 기대할 수 있겠습니까?

이에 따라 저는 'IS(Invention Standard)제도' 채택을 오래 전에 제안한 바 있습니다. 이는 등록된 발명을 면밀히 검토하여 채택된 발명은 기업화와 정부 우선구매 등을 조건 없이 지원하는 제도를 말합니다. 또 대한민국 특허기술대전과 대한민국 학생발명전 수상자들에 대한 후한 포상을 통해 전국민이 발명에 참여하는 '1국민 1발명시대'를 열어야 할 것입니다.

나의 발명, 나의 인생

"발명가의 눈에는 미래가 보인다"

이 말은 받아들이는 입장에 따라 아주 평범한 일상적인 구호일 수도 있고, 과연 사실이다고 무릎을 치며 동감할 수도 있습니다. 더욱이 이 책에 나오는 열동식 과전류 계전기, 전자식 과전류 계전기라는 용어가 전기공학을 전공하지 않은 독자들에게는 아주 생소한 용어일 것입니다. 이 용어 자체가 무슨 뜻인가를 이해하려고 애쓸 필요는 없고 다만 평소의 일상생활을 통해서 마주치는 불합리한 사안들을 그냥 지나치지 않고 이를 문제삼아 어떻게 해결하고자 노력하였는가를 이해하는 데 초점을 맞추는 것이 바람직할 것입니다.

저 역시 평범한 직장인의 한 사람으로서 주로 현장근무를 지원하여 현업에 종사하던 중 지금도 마찬가지이지만 국내 전력 수요의 약 70%가 산업부분, 그 중에서도 전동기 구동에 사용되

발명가로 성공하는 길

고 있는 실정에서 수많은 케이스의 전동기 소손현상을 목격한 바 있습니다. 저는 이것을 체념적으로 받아들이지 않고 어떻게 해야 문제를 해결할 수 있느냐 하는 데 문제를 제기하여 마침내 1982년, 당시로서는 상정하기 힘든 기계적인 보호방식 대신 전 자식을 착안해 발명대상을 수상하였던 것입니다.

1970년대 초반만 해도 국내전기업계는 기술수준이 크게 낙후되어 있었고, 원인 모를 화재가 발생하면 전기누전으로 치부하는 것이 전기를 전공한 기술자로서 자존심이 허락지 않기에 명예를 걸고 과전류나 누전으로 인한 재해를 완벽히 방지할 수 있는 보호계전기 개발에 인생을 투자한 지도 어언 40년이 흘렀습니다.

그러나 현실은 대부분 '열동식 과전류 계전기'를 사용하고 있었습니다. 이 열동식 과전류 계전기는 전자식에 비해 전력소모가 많고, 모터와 조작판넬이 분리된 경우 외기 온도의 영향으로 40℃ 이상에서의 사용이 제한될 뿐만 아니라 변동하는 부하 특성에 맞게 과부하 설정을 하기가 매우 어려웠습니다. 또, 열 축적에 오동작 빈도가 높아 보호기능이 미비하고, 소손사고가 빈번하여 양산시 제품의 적성검사에 많은 시간이 소요되어 전수검사가 어려워 신뢰도가 떨어지는 등 많은 단점을 안고 있었습니다.

이런 단점을 보완하여 국내의 산업손실을 최대한 막아보고자 '전자식 과전류 계전기'를 발명하기로 결심했습니다. 이 때가 1981년인데, 저는 이미 1978년에 '산업용 저항기'를 개발한 바 있으며, 그 이전에도 신제품개발에 많은 관심을 가지고 현장근무

머 리 말

를 자원했었습니다.

　저의 발명은 스스로 자원한 현장경험이 원동력이 되었습니다. 현장에서 직접 보고 문제점을 찾아 개선해 보겠다는 집념으로 일찍 자고 새벽 3시에 기상하여 출근 전까지 하루 중 가장 맑은 정신으로 꾸준히 연구한 것이 저의 발명기법이라고밖에 달리 설명할 것이 없습니다. 또, 항시 생각하고 관찰하여 실행에 옮기고, 실행은 반드시 확인하고, 이것을 반복하는 것을 잊지 않았습니다.

　훌륭한 발명을 하려면 힘이 있어야 합니다. 여기서 힘이란 건강과 돈(연구개발비)과 집념으로, 이것이 삼위일체가 되어야 한다고 봅니다.

　저는 현장경험이 많아 발명을 위한 연구과정에서 어떤 현상을 발견하면 이를 어디에 응용할 수 있는지 미리 알아 매우 큰 힘이 되었습니다. 연구장소도 별도로 정해놓지 않았습니다. 보고 듣는 것 자체가 발명의 소재가 되고 있습니다. 또 저는 발명가이기도 하지만 경영인이기에 관리기법 및 경영기법도 발명차원에서 연구하고 있습니다.

　한편, 큰 상을 여러 차례 받을 수 있었던 것은 '시류에 맞는 발명'을 했기 때문이라고 생각합니다.

　발명은 무체재산입니다. 따라서 반드시 실용화되고 제품으로 생산되어 인류문화발전에 기여할 때 비로소 성공한 발명가라 할 수 있겠습니다. 저는 실용화가 불가능한 발명은 죽은 발명이라고 믿고 있습니다. 이에 따라 아무리 좋은 발명도 실험결과 실용화가 불가능하다고 판단되면 출원을 하지 않고 있습니다.

발명가로 성공하는 길

　한편, 성공한 발명가는 실용화가 가능한 발명을 통해 인류 문화발전에 기여한 발명가라고 믿고 있습니다. 발명건수만 많다고 성공한 발명가라고 말할 수는 없습니다. 건수는 적더라도 실용화가 가능한 알찬 발명을 하는 발명가가 성공한 발명가라는 것이 세계적인 평가이기도 합니다.

　발명 그 자체가 곧 상품화, 기업화로 연결되는 것은 예나 지금이나 지극히 어려운 일입니다. 저는 평범한 중소기업의 경영자로서 문제점 제기부터 시작하여 아이디어 창출과정을 거쳐 그것을 기업화하는 과정에서 실제 겪은 소감을 사실적으로 기술하여, 생활하면서 겪는 문제점 해소를 위해 탐구하고 있거나 좋은 아이디어를 기업화하려고 하는 미래를 준비하는 분들에게 다소나마 보탬을 드리고자 이 책을 내놓게 되었습니다.

아이디어 사업 체험기

　위와 같은 저의 발명인생을 잘 알고 있는 후배가 저를 찾아와 이 책을 쓰라고 권할 때반 해도 서는 망설였습니다.

　가끔 신문·잡지를 통해 나름대로의 생각을 제언하기는 했지만 책을 쓴다는 것은 생각조차 하지 않았기 때문입니다. 그러나, 그 후배는 "그 동안의 인생 경험과 보고 들은 이야기들을 평소 강의하는 식으로 정리만 해 주면 후배들은 물론 자라나는 학생들에게 큰 도움이 될 것"이라며, 저를 끈질기게 설득했고, 저는 마침내 후배의 건의를 받아들이기로 했습니다.

　따라서, 이 책은 저의 아이디어 사업 체험기이자 인생 체험

기로서, 논문이나 교과서는 아닙니다. 또한, 문학과는 거리가 먼 공학을 전공한 기술인인 관계로 표현상 미흡한 점도 많으리라 믿습니다. 조금 앞서 발명인생을 산 선배발명가의 지상강의로 생각하시고, 이 책을 통해 발명을 이해하는 계기가 마련되었으면 하는 마음 간절합니다.

발명가의 눈에는 미래가 보이고, 준비된 발명가의 사업은 실패가 없을 것입니다.

부족한 글을 책으로 펴내 주신 세창출판사의 이방원 사장님, 그리고 삼화기연(주)의 임직원 여러분들에게 깊은 감사를 드립니다.

1998년 가을날

저자 김 인 석

발명가로 성공하는 길

제1부 합리적으로 생각하라

관찰은 발명의 원동력이다 ♥ 17

꾸준히 노력하라 ♥ 20

계속해서 연구하라 ♥ 24

고정관념은 무조건 버려라 ♥ 27

합리적으로 생각하라 ♥ 30

놀이 속에서도 배워라 ♥ 33

여가시간도 아껴라 ♥ 36

메모하는 습관을 길러라 ♥ 39

수리력을 키워라 ♥ 43

필요로 하는 것을 찾아라 ♥ 46

김 빠지게 하는 말을 하지 말라 ♥ 49

제 2 부 실용적인 발명을 하라

발명의 진보는 무한하다 ❤ 55

광기를 띠지 않는 천재는 없다 ❤ 59

용기를 내라 ❤ 62

발견은 발명의 씨앗이다 ❤ 65

실용적인 발명에 매달려라 ❤ 68

실용성이 제품의 가치를 보증한다 ❤ 71

문제해결이 가능한 것부터 ❤ 74

장난감의 변화에도 주시하라 ❤ 77

좋은 책을 많이 읽어라 ❤ 80

두뇌활동에 좋은 음식을 섭취하라 ❤ 83

학력이 전부는 아니다 ❤ 86

제 3 부 가까운 곳에서 찾아라

창의적인 생각은 발명의 자산이다 ♥ 91

아이디어를 찾아내려면 ♥ 94

가장 가까운 곳에서 찾아라 ♥ 97

실수를 겁내지 말라 ♥ 100

만다라를 활용하라 ♥ 103

등가변환론으로 해결하라 ♥ 106

부족한 지식은 타인에게서 빌려라 ♥ 108

모방은 창조의 기초다 ♥ 111

모방하는 지혜를 터득하라 ♥ 114

타인의 발명을 이용하라 ♥ 117

브레인 스토밍이란 무엇인가 ♥ 120

제 4 부 불편한 것은 개선하라

자료를 최대한 모아라 ♥ 125

주의 깊게 살펴보라 ♥ 128

더 크게, 혹은 더 작게 해 보라 ♥ 131

기능의 또 다른 용도를 찾아라 ♥ 134

여러 갈래로 생각해 보라 ♥ 138

여러 가지 방법으로 생각하라 ♥ 141

발명 옆의 발명을 찾아라 ♥ 144

발명 위의 발명을 찾아라 ♥ 147

최대한 재활용하라 ♥ 150

기존 발명을 보완하라 ♥ 154

불편한 것은 개선하라 ♥ 157

제 5 부 성공비결은 수없이 많다

창의적 천재에게서 배워라 ♥ 163

두뇌는 무엇을 하는가 ♥ 166

왼쪽도 사용하라 ♥ 169

U턴 사고법을 활용하라 ♥ 172

시네틱스법을 활용하라 ♥ 175

고든법을 활용하라 ♥ 178

집점법을 활용하라 ♥ 180

분석법을 활용하라 ♥ 183

형태분석법을 활용하라 ♥ 186

수평적 사고법을 활용하라 ♥ 188

체크리스트법을 활용하라 ♥ 191

부록 · 나의 인생 나의 제언 ♥ 195

♥ ——— 13

차　례

제 1 부

합리적으로 생각하라

관찰은 발명의 원동력이다

제기된 문제를 해결하기 위해서는, 사물과 환경이 변하는 모습을 세밀히 파고들어 관찰해야 한다.

인간을 둘러싼 자연환경 속에는 예나 지금이나 탐구해야 할 과제가 수없이 많고, 또 앞으로의 과학발전이나 발명에 힌트가 될 현상이 계속 발생하고 있는데 세밀히 관찰하다 보면 그 일이 이루어지는 흐름을 알 수 있기 때문이다.

관찰을 통해 힌트가 된 발명품은 여러 가지가 있다.

스위스 사람 '조르즈 도메스트랄'은 사냥이 취미였다. 어느 날, 산토끼를 쫓아 숲 속을 헤매던 그의 옷에 산우엉 가시가 날라붙어 좀처럼 떨어질 줄 몰랐다.

"이게 왜 떨어지지 않지?"

집에 돌아온 도메스트랄은 확대경으로 갈고리 모양의 산우엉 가시를 관찰할 수 있었다. 그는 이 현상을 이용하여 매직 테이프를 발명했고, 이 매직 테이프는 아직도 전 세계에서 이용되고 있다.

철조망을 발명하여 부자가 된 미국의 양치는 소년 조셉의

경우도 관찰에 의한 것이었다.

소년 조셉은 양을 돌보고 있었는데 조금만 한눈을 팔아도 양들은 울타리를 넘어 이웃의 콩밭을 망가뜨렸다.

조셉은 그 때마다 주인에게 심한 꾸중을 들었다.

"어떻게 하면 양들이 울타리 밖으로 넘어가지 못하게 할까?"

이런 생각을 하던 소년은 어느 날, 양들이 뛰어넘는 모습을 유심히 관찰했다. 그러자 양들은 철사로 둘러친 울타리 쪽으로만 뛰어넘고, 가시가 돋힌 장미덩굴이 있는 쪽으로는 뛰어넘지 않았다.

양들의 습성을 알아낸 조셉은 대장간의 아버지를 찾아가 가시 철조망을 만들도록 부탁했다.

그 후 가시 돋힌 철조망은 울타리뿐만 아니라, 세계 각국의

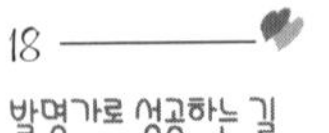

육군이 사용하여 조셉 부자를 돈방석 위에 올려놓았다.

이처럼 지금까지 아무도 생각하지 못했던 것을 세심한 관찰에 의해서 처음으로 만들어낸 가시 철조망같이, 아이디어나 발명이 관찰에 의해서 시작된다는 것은 누구도 부인하지 못할 것이다.

도메스트랄이 산우엉 가시를 단순히 지나쳐 버렸거나, 조셉이 양의 습성을 유심히 살펴보지 않았다면 결코 이루어낼 수 없는 발명품이었다.

이처럼 관찰은 문제해결의 열쇠이다.

사물이나 환경, 혹은 문제들을 더 매섭게, 그리고 더욱 자세하게, 깊숙이 들여다보면 개선방향을 이끌어 낼 수 있을 뿐만 아니라 발명의 길로 들어서는 지름길로 안내해 줄 것이다.

관찰은 발명의 원동력이요, 씨앗이다.

꾸준히 노력하라

훌륭한 발명가들은 매일 같은 시간에 꾸준히 연구하는 습관을 가졌다고 한다.

반면에 주위에서 흔히 찾아볼 수 있는 초심 발명가들은 쉽게 뜨거워졌다가 쉽게 식어버리는 얇은 양은냄비처럼 변덕이 심하다고나 할까. 무엇인가 관심이 끌리는 일이 생기면 닷새고, 열흘이고 그것에만 매달려 꼬박 열중한다. 너무나 열정적이어서 곧 큰일을 이루어 낼 것처럼 보인다.

그러나 그뿐. 시간이 지나면 열성은 식어버리고, 결론은 맺지도 못한 채 잊어버리고 만다. 그리고는 다른 관심거리를 찾아 헤맨다. 이런 식이라면 몇백 가지를 연구해도 헛일이다.

매일 꾸준히 생각하고, 연구하는 습성을 길러야 한다. 마음의 연구실을 정해두고 매일 그곳에서 연구하라. 화장실, 잠자리, 산책길, 음식을 기다릴 때나, 버스 안에서나 ……

발명가가 되려면 이처럼 장소에 구애됨이 없이 연구하는 습성을 길러야 한다. 아이디어는 어디에서나 착안할 수 있다. 중간자의 이론은 침대 위에서 착안한 것이고, 자동직기는 흔들리는 기차 안에서 떠올린 아이디어였다. 그러나, 발명의 소재가 정해지면 일정한 시간을 정해 놓고, 매일 연구하는 습성도 필수적이다.

질레트는 아침에 수염을 깎다가 턱에 상처를 입어 안전면도기의 발명을 결심했다. 그 후 그는 매일 아침 면도하는 시간을 연구시간으로 정하고, 실험과 연구를 거듭했다.

발명이란 우연한 기회에 이루어질 수도 있지만, 마냥 우연에만 의존해서는 안 된다. 에디슨의 말처럼 발명은 99%의 노력에 의해서 이루어져야 더욱 값지기 때문이다.

인간이란 본래 편하고 싶은 본능을 가지고 있기 때문에, 시간을 정해 놓고 계획적으로 연구하지 않으면, 자신도 모르는 사이에 발명과는 거리가 먼 사람이 되고 만다. 이는 발명에 실패했던 사람들의 사례에서도 입증이 되었다.

그들은 한결같이 처음 며칠 동안은 밤낮 없이 연구에 몰두했지만, 열흘도 못 채우고 열이 식어버리기 일쑤이다. 그러다가 누군가 발명으로 성공했다는 말을 들으면 또 다시 며칠 동안 발명에 몰두하다가, 며칠 지나면 다시 발명과 거리가 멀어지는 것이다.

발명에 있어 중요한 자세는 매일 일정한 시간을 정해놓고 연구하는 것이다.

"필요는 발명의 어머니"라는 말이 있듯이, 우리 인간에게는 일상생활 속에서 살아가는 동안 걸리적거리고 불편한 것들이 신경을 자극한다. 그리고 우리는 매번 그 일을 당할 때마다 이렇게 말하곤 한다.

"에이, 이것 좀 어떻게 안 될까?"

"이걸 없애면 안되나? 다시 만들 수는 없을까?"

한 번 접하면 한 번 생각하고, 두 번 부딪치면 두 번 생각하게 되는 것이다. 그리고 이것들이 쌓이고 쌓여서 하나의 아이디어로 정리된다.

콘테는 스케치를 보다 쉽게 하기 위하여 연필을 발명해 냈고, 조셉은 양들을 효과적으로 돌보기 위해 철조망을 고안해 냈다.

우체국 직원은 우표를 쉽게 자르기 위해 우표의 자름선을 생각해 냈고, 아이를 가진 어머니는 기저귀에 매직 테이프를 달

발명가로 성공하는 길

기도 했다.

아기의 기저귀를 매일 갈아야 하는 어머니는 누구보다도 더 기저귀에 대해 생각할 것이다. 따라서 그녀에게는 실용적이고 편리한 기저귀를 만들 만한 아이디어가 더 풍부하게 되는 것이다.

이것을 보더라도 매일 생각한다는 것은 중요하다. 그 생각을 발전시켜 아이디어와 연결하려면 매일 같은 시간에 꾸준히 연구하고, 노력해야만 발명으로 성공할 수 있다.

생활 속에서 꾸준히 연구하는 습관을 들이다 보면 많은 아이디어가 모아지고, 그 중에는 분명 깜짝 놀랄 만한 아이디어가 있기 마련이다.

장소에 구애됨이 없이 생각하고, 꾸준하게 정해진 시간에 연구·노력하는 사람이라면 틀림없이 발명에 성공할 것이다.

계속해서 연구하라

한 자리에 머물러 있는 것은 곧 후퇴를 뜻한다.

경쟁사회에서 '이만하면 문제 없다'고 생각하는 것처럼 위험한 일은 없다. "교만은 패망의 선봉이다"라는 말이 의미하듯이, 자만은 기업에 있어 암적 존재와 같다.

예를 들어보자.

미국의 담배회사인 럭키 스트라이크(빨강 동그라미표)와 카멜(낙타표)은 항상 1, 2위를 다투는 경쟁회사로 조금도 방심할 수 없는 사이였다.

당시 카멜은 오랫동안 럭키 스트라이크에 눌려서 어떻게 해서든지 앞질러야겠다는 생각을 하고 있었다. 그 때 셀로판지의 새로운 아이디어가 등장했다.

"담배를 셀로판으로 싸면 눅눅해지지 않는 장점이 있다."

그래서 항상 이상적인 상태로 보관할 수 있게 되었다.

"됐다. 됐어! 이거라면 럭키쯤이야 문제없어. 다른 담배도 이제는 꼼짝들 못하겠지!"

카멜의 간부들은 뛸듯이 기뻐하면서 셀로판 포장의 카멜을

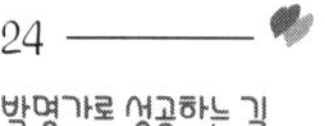

대대적으로 광고했다.

　그러나, '이것을 앞지르는 아이디어는 없을 거야'라고 생각했던 셀로판 포장이 뜻밖에도 잘 팔리지 않았다. 생산과정에서 꾸물거리고 있을 때, 럭키는 발빠르게 '팔말'이나 '호프'가 하고 있는 것과 같은 셀로판 포장 위에 가늘고 빨간 테이프를 붙여서 테이프만 잡아당기면 포장이 뜯어지는 신제품을 개발했던 것이다.

　결국 카멜은 럭키 스트라이크에게 지고 말았다. 원인을 살펴보면, 셀로판 포장은 분명히 좋은 장점을 가지고 있었으나, 담배를 피우는 소비자의 입장에서 보면 셀로판을 뜯는다는 것이 퍽 귀찮은 일이었다. 왜냐 하면 잘 뜯기지도 않고, 잘못하면 감질나게 했기 때문에 잘 팔리지 않았던 것이다.

　　그런데 소비자의 불편을 즉시 파악한 럭키는 빨간 테이프를 둘러 간단히 뜯기게 하였고, 그래서 인기가 있었던 것이다.

　　카멜이 먼저 좋은 아이디어를 냈으나 한 발 더 나아가지 못한 것이 결정적인 실수였다.

　　상품의 아이디어를 낼 때는 소비자의 습관을 충분히 조사해야 하고, '이만하면 되겠지'하는 상품도 또 다른 방향으로 개선할 여지가 있다는 것을 염두에 두어야 할 일이다.

　　현 상태에 만족하거나, 방심은 금물이다.

　　웰스는 유명한 역사책을 통해 이렇게 말했다.

　　"자연계에 있어서 단 한 가지 용서할 수 없는 죄가 있다. 그것은 정지해 있는 것이다."

　　성공을 원한다면, 현재에 만족하지 말고 계속해서 앞을 보고 나아가야 한다.

발명가로 성공하는 길

1 정관념은 무조건 버려라

고정관념을 깨야 발명에 성공할 수 있다.

콜럼버스는 고정관념을 깨뜨려 달걀을 세울 수 있었고, 알렉산더 장군은 '고르디움'의 매듭을 풀어 왕이 될 수 있었다.

기원전 334년, 마케도니아의 알렉산더 장군은 고르디움의 매듭 앞에서 고민에 휩싸였다. 전설에 의하면 기묘하게 얽힌 매듭을 푸는 사람만이 왕이 될 수 있었기 때문이었다.

'어떻게 해야 이 매듭을 풀 수 있을까? 그냥은 안 되겠는데…….'

한참을 생각하던 그는 긴 칼을 뽑아 그 매듭을 힘껏 내리쳤다. 순식간에 매듭은 풀렸고, 알렉산더 장군은 왕이 될 수 있었다. 발명계에도 이런 사례가 많이 있다.

전세계 젊은이들이 즐겨 입는 청바지도 고정관념을 깸으로써 탄생된 발명품이다.

1930년경 샌프란시스코에서는 많은 양의 황금이 나왔다. 황금을 캐기 위해 모여드는 서부의 사나이들로 인해 전 지역이 천막촌으로 변해갔다.

천막천을 생산하여 톡톡히 재미를 보고 있던 스트라우스에게 어느 날 사람이 찾아와, 대형 천막 10만 개 분량의 천막천을 군에 납품하도록 해 주겠다는 제의를 해왔다.

예상치 못한 행운에 신바람이 난 스트라우스는 군납품용 천막천의 생산에 들어갔다. 그리하여 3개월 만에 약속 받은 양을 다 채워놓았지만, 군납품의 길이 갑자기 막혀 버렸다.

화가 난 스트라우스는 술이라도 몽땅 마시고 취해볼 양으로 주점에 들렀다가 그 곳 금광에서 일하는 광부들이 옹기종기 모여 앉아 헤진 바지를 꿰매고 있는 광경을 보게 되었다.

'쯧쯧, 바지천이 모두 닳았군. 천막천은 좀체 닳아지지 않는데.'

순간 스트라우스의 머리에 기발한 아이디어가 떠올랐다.

그로부터 며칠 후, 스트라우스의 골치거리였던 천막천은 바지로 변하여 시장에 나왔다. 청바지는 광부뿐만 아니라 일반 사람들에게도 그 실용성이 인정되어 날개 돋힌듯이 팔려나갔다.

탄광을 배경으로 한 사례가 또 있다.

1800년도까지만 해도 광부들은 불빛 하나 없는 어두운 갱 속에서 석탄을 캐야 했다. 갱 속에는 가스가 가득 차 있어 불을 켜면 폭발하기 때문이었다. 그로 인해 사고가 자주 일어났고, 작업의 능률도 떨어졌다.

광산업자들은 생각다 못해 당시 최고의 과학자인 영국의 데비에게 '안전등'의 발명을 부탁했다. 데비는 즉시 연구에 들어갔지만, "가스는 불을 만나면 폭발한다"는 고정관념이 연구의 진전을 가로 막았다.

그러던 어느 날, 무심코 알코올 램프에 불을 켜고 그 위에 철망을 얹었는데 불꽃이 철망을 통과하지 못하는 것이었다. 이것을 본 데비에게 떠오르는 생각이 있었다.

"등을 철망으로 감싼다면 등의 불꽃이 등 밖의 가스와 만나지 못할 거야."

그런데 불꽃은 통과하지 못하지만, 가스는 철망을 통과하여 불꽃을 만나면 폭발한다는 고정관념이 그를 또 괴롭혔다.

며칠 동안 고민하던 데비는 직접 실험을 했는데 성공이었다. 철망 속에 가스가 들어가도 불꽃이 철망을 통과하지 못하면 폭발의 위험이 없었던 것이다.

제1부 합리적으로 생각하라

합리적으로 생각하라

우수한 발명을 하려면 새로운 생각으로 많은 아이디어를 발굴하여 그 중에 쓸모 있는 아이디어를 골라 가장 목적에 맞고 실천 가능한 것을 선택해야 한다.

사물을 보고 판단할 때, 다양한 사고 방법인 수평적 사고에서 나온 많은 아이디어를, 수직적 사고로 논리 정연하게 체계화시켜 뛰어난 방법을 골라 실시하는 합리적 방법을 입체적 사고라고 한다.

입체적 사고의 요지는 최적 방안을 선택하여 실시하기 위한 방법으로, 수직적 사고와 수평적 사고를 결합한 한정적 사고 방법이라고도 한다.

오늘날 이루어지고 있는 위대한 발명이나 첨단기술의 발명은 먼저 수평적 사고를 적용해 몇 가지 대안을 만들고, 각각의 대안에 수직적 사고를 적용하여 장·단기적인 효과를 검토해야 성공할 수 있다. 입체적 사고 방법을 한정적 사고 방법이라고 하는 이유는 이미 고안된 대안 속에서 해답을 찾기 때문이다.

예를 들어, 학생용 가방을 만든다고 했을 때 수직적 사고를 적용한다면 튼튼하고 견고한 가방을 만들 수 있을 것이다. 그런데 수요가 감소할 것을 대비한다면, 수평적 사고를 적용하여 모양이 서로 다르게 만들 수 있다. 여기에 입체적 사고를 적용하여 기능을 추가하거나, 세련된 디자인, 끈의 추가 등을 더하여 다용도로 쓸 수 있는 가방을 만들 수 있을 것이다.

거리에 나가면 호떡, 붕어빵, 호두빵, 전 등을 굽는 빙글빙글 돌아가는 회전구이 기구를 볼 수 있다. 무심코 보아왔겠지만, 이 기구도 합리적인 사고에 의해 만들어진 세계적인 발명품이다.

독일에서 구이 기구를 제작하는 회사에 다니던 헨리는 불 위에 한 개의 팬을 올려놓고 전을 부치는 것은 너무나 비생산적이라고 생각했다.

"전 한판을 부치는 데 너무나 시간이 많이 걸려. 전처럼 잘 팔리는 음식도 흔하지 않은데 빠른 시간에 많은 양을 부쳐낼 수

있는 방법은 없을까?"

헨리는 그 생각에 몰두하여, 시간만 나면 구이 기구를 연구했다.

그러던 어느 날, 헨리는 친구들과 함께 호텔 식당에 가게 되었다. 조용하고 포근한 분위기 속에서 낮게 흐르는 클래식 음악과 은은한 조명, 그리고 친절한 서비스 등 헨리에게는 평소 다니던 식당과 전혀 다른 환경이 무척 낯설었다.

'이거 잘못하면 촌뜨기라고 놀림 받겠는데. 분위기 한번 기죽이네.'

이렇게 속으로 생각하며, 헨리는 주눅이 들어 주위를 둘러보고는 식탁 의자에 가만히 앉았다. 그런데 식탁 위의 회전원판이 바로 눈에 들어왔다.

'어라? 저 회전원판은 도대체 뭐지? 물어볼 수도 없고. 이거야 원!'

헨리는 궁금증이 더하였으나 잠자코 기다릴 수밖에 없었다. 이윽고, 호텔 종업원들이 음식을 가져와 회전원판 위에 올려놓았고, 친구들은 회전원판을 돌려가며 입에 맞는 음식을 접시에 옮겨 담았다.

"그래! 바로 이거야!"

자신도 모르게 탄성을 지르고 식사를 대충 끝낸 헨리는 집으로 돌아와 열 개의 팬을 둥글게 연결하여 빙글빙글 돌리면서 음식을 부치는 기구를 만들었다. 합리적인 생각이 세계적으로 인정받는 우수한 기구를 탄생시킨 것이다.

발명가로 성공하는 길

놀이 속에서도 배워라

새로운 게임을 고안하고 궁리하여 여러 가지로 탐색하는 놀이나 활동은 창의력을 키우는 데 훌륭한 역할을 한다.

어린이나 성인이나 여가시간의 대부분을 오락이나 놀이로 즐기려는 것이 인간의 특성이다. 특히 어린이들은 놀이를 통하여 다른 사람과의 관계를 유지하고, 사물이나 현상을 이해하게 된다. 놀이에 참여하는 사람은 어떤 사태나 상황을 변경하고, 설계하며, 구성하기 위하여 여러 가지로 궁리를 하게 된다. 그래서 자연적으로 상상력과 창의력이 길러지게 된다.

놀이 중에는 바람직한 것이 있고, 그렇지 못한 것도 있다.

"예", "아니오"로만 대답하는 게임이나, 외워서 하는 놀이는 반복학습에는 도움이 될지 몰라도, 창의력 훈련에는 전혀 도움이 되지 못한다.

수수께끼, 짧은 글짓기, 낱말 이어가기, 비슷한 것과 반대로 짝짓기, 스무고개, 퀴즈놀이, 빈 칸 메우기, 퍼즐, 블럭쌓기 등은 창의력 발달에 큰 도움이 된다.

또한 가위 바위 보, 빙고게임, 연상훈련 게임, 표현·동작

지도, 역할놀이 등도 상상력 발달이나 창조력 훈련에 매우 효과
적이다.

놀이는 즐거운 활동이다.

즐거움 속에서 하는 일은 무슨 일이든 효과를 거두기 쉽다.
즐거운 작업환경은 평범하고 판에 박힌 듯한 환경보다 훨씬 생
산적이고, 능률적이다. 자신의 일을 즐기고 있는 사람은 적극적
으로 일에 참여하고 있어, 그만큼 많은 아이디어를 생산하고 있
는 것이다.

현대를 경쟁시대라고 한다.

우리는 어렸을 때부터 경쟁 속에서 살아왔기 때문에 경쟁에

발명가로 성공하는 길

익숙한 만큼 스트레스와 함께 성장해 왔다. 1등이냐, 2등이냐에 따라 상을 받고 칭찬을 듣기도 하지만, 벌을 받거나 야유를 듣기도 한다. 따라서 이기고 지는 데에 민감할 수밖에 없다.

하지만 놀이에는 이런 부담이 없다. 상·벌도 없다. 그냥 재미있고 즐거우면 되는 것이 놀이이다. 잘못에 대해서도 벌을 받기보다 그 잘못에서 배우는 것이 많다.

생각의 열매를 맺기 위해서는 놀이의 즐거움을 이용하는 것도 좋은 방법이다. 놀이는 아이디어를 촉진시키는 힘이 있다. 어려운 문제에 부딪혀 고전을 면치 못한다면, 그 문제를 가지고 가벼운 마음으로 놀아보자. 즐거운 마음으로 놀다보면 의외로 문제가 쉽게 해결될 것이다.

만일 해결해야 할 문제를 미처 발견하지 못했다면 다른 환경에서 편안한 마음으로 휴식을 취해 보라. 새로운 아이디어를 착안하게 될 것이다. 때로는 어린이나 어른이나 놀이 속에서 답을 구할 수도 있다.

제 1 부 합리적으로 생각하라

여가시간도 아껴라

생각하기에 따라 인생은 즐거울 수도, 따분할 수도 있다. 다람쥐 쳇바퀴 돌듯 회사에서 집으로, 혹은 집에서 회사로, 그리고 그 다음에 더 내세울 것이 없이 끝나는 삶이라면 얼마나 삭막하겠는가.

여가를 활용하여 취미를 살려보자. 인생에 보람을 느끼고 싶다면, 꿈을 갖고, 목표를 세워 무언가에 몰두해 보라!

학교에서 공부를 하는 것도, 회사에서 근무를 하는 것도 목표에 도전하기 위한 과정이나 단계로 생각한다면, 하루하루가 훨씬 신바람 나는 생활이 될 것이다. 특히 그것이 창조적인 것이라면 자기의 인생에 훨씬 보탬이 될 것이다.

ㄱ씨는 여가를 살려서 실내장식가가 되었다.

ㄱ씨는 건축과를 나온 것도 아니고, 법과를 나와 평범한 회사원으로 지내던 사람이었다. 처음에는 '내 집을 짓겠다'는 일념으로 일요일 마다 목공일을 하면서 취미삼아 실내장식, 가구 등을 유심히 관찰하게 되었다.

그러다가 자기 집을 갖고 싶은 생각에 주택백과라든지, 소

주택 계획집, 주택설계에 관한 전문서적을 읽고 연구하며 그 밖에도 신주택, 실내설계입문과 같이 소주택 설계와 실내장식에 관한 연구에 몰두하게 되었다.

그러는 동안 뛰어난 실내장식가로, 또 주택건축의 전문가로 성장했고 월간지 「실내」에도 가끔 기고하게 되었으며, 정년퇴직 후에는 결국 꿈을 이루었던 것이다.

ㄱ씨는 토요일 오후나 일요일, 혹은 퇴근 후 남는 시간을 여가로만 보지 않고, 연구와 노력을 겸하여 자신을 전혀 딴 길의 전문가로 올려놓았다.

　이처럼 봉급쟁이가 갖는 자유시간을 여가라고만 생각하지 않고 '유용하게' 쓸 수 있도록 방향전환을 한다면, 자칫 따분해지기 쉬운 삶도 훨씬 풍부해지고 뜻밖의 방면에서 대성할 수도 있을 것이다.

　그러므로 자유시간을 여가로만 생각지 말고 꿈을 가꾸고 발전시키는 신바람 나는 시간으로 이용하여, 사업에 대한 공부를 하거나, 연구 노력하여 좋아하는 일의 전문가가 되는 것도 바람직한 일이다.

　자유시간을 취미에, 혹은 자기 인생을 기름지게 하는 취미의 육성에 쓰는 것, 그 취미를 갖는 것도 젊어서부터 일찍 가지는 것이 좋겠다. 왜냐 하면 젊어서부터 가질수록 연구기간은 길어져서 50세쯤에는 숙성된 삶에 보람과 윤기를 더해 줄 것이기 때문이다.

　창조적인 생각으로 아이디어를 내는 일도 좋고, 여가를 이용하여 자기의 인생 전체를 창의적으로 산다면, 그는 훗날 어떤 사람이 되든지 간에 성공한 인생이라고 말할 수 있을 것이다.

발명가로 성공하는 길

메모하는 습관을 길러라

생각한 것을 잊어버리지 않고 계속해서 머리 속에 남아 있게 한다면 어떻게 될까? 물론 학교에서 배운 학습내용에 관한 것이나 중요한 약속, 혹은 기쁘고 즐거운 일이라면 언제까지나 기억해도 나쁘지 않을 것이다. 그러나 괴롭고 슬픈 일이나 기분 나쁜 내용들을 언제까지나 기억한다면 결국 자신을 망치거나 건강을 해치게 될 것이다.

세월이 약이라는 말도 있듯이 인간에게 망각이란 꼭 필요한 것 중의 하나이다. 그런데 문제는 순간 순간 떠오르는 아이디어를 보존하고자 하는 사람에게 있어서, 망각이란 독소와 같다는 것이다. 출근길 자동차 안에서나 등교길의 지하철 안에서 아주 기발한 아이디어가 떠올랐는데, 목적지에 도착해 보니 도무지 생각이 나지 않아 큰 허탈감에 빠졌던 경우를 누구나가 한번쯤은 겪었을 것이다.

이 망각이나 건망증에게 소중한 아이디어를 빼앗기지 않으려면 생각이 떠오르는 즉시 메모하는 습관을 기르는 것뿐이다.

아이디어는 어디에나 굴러다닌다.

　　시간과 장소에 구애됨이 없이 우리가 생활하는 일상 중에라면 길을 걸을 때나, 잠을 청하려고 누워 있을 때, 그리고 버스를 탔을 때도 불현듯 번쩍이는 것이 아이디어이다.

　　순간적인 번쩍임은 누구에게나 있을 수 있다. 그런데 이 순간을 영원으로 지속시키는 사람은 그리 많지 않다. 그것의 성공 여부는 메모를 해 놓고 실제로 검증을 하느냐, 하지 않느냐에 달려 있다.

　　인간의 두뇌는 매우 복잡하여 아무리 용량이 큰 컴퓨터라도 사람의 머리에는 미치지 못한다. 그러나 막상 기억하는 단계가 되면 약간의 차질이 유발되는 것 또한 두뇌이다.

　　컴퓨터는 기억장치에 한번 입력시켜 놓으면 데이터가 소실

발명가로 성공하는 길

되거나 분실되지 않는 한 그 기억은 영원히 남게 된다.

그러나 인간의 두뇌는 시간이 경과함에 따라 기억한 내용이 변형되거나 혹은 기억 자체를 아예 까맣게 잊어버리기도 한다. 그래서 실상은 인간을 "망각의 동물"이라고까지 한다. 물론 그 망각이 인간에게 이롭게 작용할 때도 있지만.

따라서 아이디어의 원천이 될 요소가 있을 때, 그것을 단지 두뇌의 기억장치에만 담아 놓는다면 곧 잊어버려 다음에 무엇엔가 어려운 일에 부딪쳐 해결책을 모색해 보려고 할 때는 생각이 잘 떠오르지 않게 되는 것이다.

여기 현명한 여성의 한 예를 보자.

평소에 메모하는 습관이 몸에 배어 있는 그녀는 자신의 메모장을 읽던 중 사기그릇의 덜커덩거리는 소리가 사람들의 귀에 몹시 거슬릴 뿐만 아니라, 자주 엎어지는 것에 주의를 기울이게 되었다.

'사기그릇의 문제점이 여기 있군. 덜컹거리는 소리를 좋아할 사람은 아무도 없을 거야. 어떻게 하면 이 문제를 해결할 수 있을까?'

그녀는 본격적으로 조사에 착수했다. 그 결과, 사기그릇은 본체의 크기에 비하여 그릇의 밑받침인 실굽이 너무나 작기 때문에 덜컹거리며 움직이는 것을 알게 되었다.

'바로 이 실굽이 몸에 비해 너무 작은 탓이었어. 좋은 방법이 있을 텐데……'

그녀는 여러 가지로 궁리하고, 연구한 끝에 그릇 밑부분에 마찰이 많도록 울퉁불퉁한 빨판 모양의 좌판을 부착했다.

제 1 부 합리적으로 생각하라

"이제 됐다. 덜컹거리는 소리도 없고, 잘 엎어지지도 않으니까 신경을 건드리는 기분 나쁜 소리를 더 이상 듣지 않아도 되겠어!"

그녀는 이렇게 하여 사용하기에 편리한 사기그릇을 성공적으로 만들어 내게 된 것이다.

메모하는 습관을 길러라.

바로 이것이 발명을 하고자 하는 사람들이 지켜야 할 준수 사항이다.

발명가로 성공하는 길

수리력을 키워라

    수와 우리 생활과는 뗄래야 뗄 수 없는 불가분의 관계에 있다. 아침에 눈을 뜨면 가장 먼저 보는 시계의 숫자를 시작으로, 등교길이나 출근길 시간 재기, 문구점이나 슈퍼에서 물건 사기를 비롯하여 달력, 라디오의 사이클 조정에 이르기까지 수와의 놀음 속에서 산다고 해도 지나친 표현은 아닐 것이다.

    이처럼 생활 속에서 꼭 필요한 수단으로 수학이 시작되었음에도 불구하고 우리는 종종 그 사실을 잊고 산다. 그래서 대부분 수학을 기피하려 하고 복잡하게 생각하여 흥미를 잃는 경우가 많나.

    수리력은 과학적 생각의 기초가 되고, 복잡한 사회에서 현명하게 문제를 해결해 나가는 지혜의 근본이 되기도 한다.

    우리의 생활과 수학은 밀접한 관계가 있음을 새롭게 인식하여 관심을 가져야 할 것이다.

    수리력의 기본이 되는 것으로 분류와 서열화가 있다.

    분류를 위해서는 사물이나 사실들 간의 공통점을 찾을 수 있어야 하고, 공통점에 따른 사물이나 사실들과 구별할 수 있어야 하며 포함관계도 이해해야 한다.

분류 중에서 '같은 것끼리의 분류'가 역사적인 발전을 가져왔다는 사실을 아는 사람은 드물 것이다.

인간의 농업활동은 분류행위에 의해 발전되어 왔다. 농업이라는 경작방식이 존재하기 전, 인간은 산과 들을 헤매며 먹을 것을 찾아야 했다. 그 과정에서 처음에는 독이 있는 풀이나, 열매를 먹어 죽기도 했다.

그러나 숱한 희생을 경험으로 먹을 수 있는 것과 먹을 수 없는 식물을 구분, 즉 분류하게 되었다. 그래서 옥수수나 쌀, 보리를 구별하여 모을 수 있게 되었고 같은 것끼리 재배하기 시작했다.

이것이 농업의 시작이며, 한 곳에 정착하는 계기가 되었다. 자연히 마을을 이루었고, 여가시간이 생겨나 문명의 꽃을 피울

발명가로 성공하는 길

수 있게 되었다.

같은 것끼리 분류하는 작업은 그 뒤로도 계속되었다. 배우려는 사람들을 모아 학교를 만들고, 의술을 가진 사람들끼리 병원을 세우고, 일하고자 하는 사람들이 공장을 가동했다.

이처럼 같은 것끼리, 예를 들면 생물과 무생물, 먹는 것과 입는 것, 둥근 것과 모난 것 등으로 사물을 분류하는 방법이 있는가 하면, 논리적 사고를 기르기 위한 방법으로 서열화가 있다.

크고 작은 순위, 길이 혹은 색깔별, 오래된 것 등 개개의 잡다한 사실들을 일목요연하게 정리하고, 우선 순위를 결정해 놓음으로써 사회현상을 바르게 인식할 수 있는 힘을 기를 수 있다.

수리력은 분류와 서열화를 통해 사물의 인식을 바로 하고, 잡다한 현상을 조리 있게 정리하며, 우선순위를 정함으로써 논리적 사고를 토대로 키워진다.

발명을 원한다면 수리력을 키우자.

필요로 하는 것을 찾아라

　　우리 생활 속에서, 꼭 필요로 하는 것을 찾아내는 것이 아이디어 발굴을 손쉽게 한다. 주위에서 모든 사람들이 보고 느끼는 가운데 원하는 것, 그리고 자타가 공인하는 문제들이 주변에 많이 있을 것이다.

　　우선 필요한 자료수집과 함께, 도움말을 듣고, 많은 사람들이 필요로 하는 내용을 집약시키면 발명으로 성공하는 데 훨씬 수월하다.

　　여성들이 꼭 필요로 하는 것 하나가 있었다. 매월 여성에게만 찾아오는 달갑지 않은 손님 때문에, 여성들은 이구동성으로 불편을 호소하면서도 어쩌지 못해 고통을 겪어야 했다.

　　불과 30여 년 전만 해도 이 달손님을 천기저귀로 맞이하며, 여성들은 심한 경우 하루 종일 집안에 갇혀 있거나, 꼼짝도 못하고 우울하게 지내야 했다.

　　그런데 이 문제를 말끔히 해결하여 지구촌 여성들을 생리의 공포로부터 해방시킨 사람이 일본의 사카이 다카코 여사이다.

　　사카이 여사는 모든 여성들이 필요로 하는 그 무엇인가를

해결하기 위해 몇 해를 끙끙 앓으며 방법을 찾고 있었다.

　그러던 어느 날, 후배 하나가 그녀에게 귀띔을 했다.

　"흡수성이 강한 화장지로 만들면 흘러나올 염려도 없고, 화장실에서 감쪽같이 갈아치울 수 있지 않을까요?"

　사카이 여사는 귀가 번쩍 뜨였다. 그러면서 여성들의 의견을 수집하고, 필요에 맞게 고안해 낸 것이 바로 최초의 여성 생리대 '안네'였다.

　어느 약국에서든 '안네' 하고 속삭이기만 하면 금방 알아들었기 때문에, 여중고생을 비롯하여 딸을 둔 엄마들까지 찾기 시작했고 '안네' 회사는 이 발명 하나로 중견기업의 대열에 올라섰다.

　필요에 의한 발명품으로 노벨의 다이너마이트, 왁스만의 스트렙토마이신, 미야르데의 보르도액 등 여러 가지가 있다.

　사람의 인명을 앗아가는 재해, 질병, 그리고 농사를 망치게 하는 등의 피해 예방에 꼭 필요로 했던 치료제, 농약, 건설 현장의 필수품 이외에도 지금 우리의 주변을 둘러보면 없어서는 안 될 무엇인가가 있을 것이다.

　필요는 곧 발명의 어머니다.

　예를 들어 적게는 나 개인이 필요로 하는 것에서부터 가정, 직장, 혹은 사회에 이르기까지 생활 속에서 필요로 하는 것을 찾아내 충족시키려는 작업이 새로운 것을 만들게 할 수 있다.

　당뇨병 환자에게 꼭 필요한 당측정기, 다리를 다친 사람에게 없어서는 안 될 목발이나 휠체어처럼 주변환경과 생활 속에서 요구되는 것들을 찾아보자.

　어디선가 당신의 손을 기다리고 있을 것이다.

발명가로 성공하는 길

김빠지게 하는 말을 하지 말라

사람들의 생각 속에는 정도의 차이는 있지만 색다른 일을 하고 싶은 욕구가 있다. 그것이 생활의 편리와 연결되면 곧 발명의 뿌리가 되고, 그 뿌리가 아이디어라는 새싹을 틔워 발명가의 길로 접어들게 한다.

그러나 모르고, 무심코 내뱉는 말이라 할지라도 남의 아이디어를 뿌리째 썩게 하거나, 흔들어 놓는 말들이 있다.

"생각해 보자."

"그것은 훌륭한 생각이지만 ……."

"이론은 그럴지 모르지만, 실제는 또 다르니까."

"이론은 좋은데 실행하기에는 글쎄……."

"그 생각은 너무 앞서 있다."

"그런 일은 이제까지 해 본 적이 없다."

"그건, 위에서 들어주지 않을 거야."

"옛날 사람들 생각을 바꾸기 힘들 거야."

"요즘 사람은 모를 것이다."

"그건 힘들어. 특히 이 회사에서는 ……."

"팔아는 보겠지만 잘 안 될 걸."
"어딘가 다른 데서 한 적 있는가."
"다른 데서 한 결과를 보고 하자."
"그 밖에 해야 할 일이 산더미야."
"비용이 너무 든다."
"예산이 없어요."
"우리와 같은 일에는 맞지 않아."
"회사가 너무 작(크)다."
"그것과는 사정이 다르지."
"우리 일은 또 특수하니까."
"사람 손이 없다."

발명가로 성공하는 길

"바빠서 시간이 없다."
"그것은 우리 문제가 아니야."
"우리의 책임 밖의 일이다."
"시기상조 아닐까?"
"당분간 보류하면 어떨까?"
"지금은 실행할 때가 아니야."
"그런 일은 하지 않고도 지내잖아."
"먼저도 해 보았지만 잘 안 됐어."
"그래서야 현재의 설비가 쓸데없는 것이 되어버리지 않나."
"보다 현실에 맞추어 생각하면 어떤가?"
"그건 회사의 방침하고 틀려."
"무엇 때문에 그런 변명을 해야 할 필요가 있지?"
"그런 일을 하면 세상이 웃어."
"시시한 것을 생각하지 말아."
"그건 안 돼! 해 보지 않아도 알아."
"객적은 소리 마."
"농담이겠지."
"돼먹지 않았어."
"바보 같은 소리 하지 마."
이런 말들은 하지도 말고 귀담아듣지도 말자.

제 1 부 합리적으로 생각하라

제 2 부

실용적인 발명을 하라

발명의 진보는 무한하다

발명은 끝이 없다. 발명은 또 다른 발명을 낳기 때문이다.

모든 발명의 역사를 거꾸로 올라가 보면 한 사람의 힘으로 발명이 완성된 경우는 단 한 번도 없음을 알 수 있다. 어떤 연구든지 이전의 사람들이 발견하고, 또 발명한 것을 토대로 이루어지는 것이다.

지금으로부터 약 100년 전, 미국의 특허국장은 발명시대의 끝을 예고했다.

"발명되어야 할 것은 이제 모두 발명되었습니다. 수많은 발명에 의하여 문명이 지금과 같이 신보되었지만, 발명의 송자는 앞으로 100년쯤 되면 끝나게 될 것입니다."

그러나 그가 그만둔 해부터 해마다 20~30 % 정도의 특허권 수가 증가되었으며, 오늘날에는 270만 건의 새로운 발명이 등록되어 여전히 그 수는 증가하고 있다. 즉, 세상이 진보하면 할수록 발명의 수는 증가한다는 것을 증명하고 있다.

아이스크림의 변화 한 가지를 살펴보아도 잘 알 수 있다. 아이스크림의 역사를 보면 서기 62년, 네로 황제가 로마의 칼싸움

대회를 축하하기 위해 신하들을 시켜서 산 정상에 가서 눈을 가
져오도록 한 후, 그것을 벌꿀과 섞어 선수들에게 먹게 했다고 한
다.

그 후, 1200년경 마르코 폴로가 동양에서 배운 비법으로 로
마 법왕에게 아이스크림을 받쳤다. 1300년경 영국 찰스 1세의
지시로 주방장이 아이스크림을 만들었으나, 그 제조법은 끝내
밝혀지지 않았다.

이것을 상품으로서 처음 팔기 시작한 것은 뉴욕의 가제트에
의해서이다. 워싱턴 대통령이 그 맛에 끌려서 뉴욕으로 사러 갔
다고 할 만큼 가제트의 상품은 호황을 누렸다.

현재와 같이 값싸고 맛있는 아이스크림이 만들어진 것은

100년쯤 전, 넌시 존슨이 냉동기를 발명한 후부터이다.

아이스크림은 그 뒤 계속하여 변화를 거듭, 재료 속에 달걀을 넣고, 향료를 넣고, 또 초콜릿 등을 첨가하는 데까지 개량되었다.

이 때, 사람들은 더 이상 맛있는 아이스크림은 만들 수 없을 것이라고 생각했지만, 아이스크림 속에 공기를 넣어 작은 거품을 만들어서 혀에 부드러운 감촉을 느끼게 하는 소프트 아이스크림이 개발되자 큰 인기를 끌었다.

더 이상 좋은 아이스크림은 만들 수 없을 것이라고 생각하는 사람은 발명가로서 성공할 수 없다. 앞으로 2, 3년 내에 보다 맛있는 아이스크림이 또 다시 시장에 나오게 될 것이다.

이처럼 발명은 끝이 없다.

에디슨이 전구를 만들었을 때, 어떤 사람들은 이렇게 말했을지도 모른다.

"에디슨의 전구는 완벽한 발명품이야. 더 이상의 전구는 나오지 않을 걸."

그러나 전구 하나를 보더라도 얼마나 많은 변화를 거치고 있는지 이글라이트, 스파이럴, 프라임라이트, 형광등, 메탈램프, 나트륨램프, 적외선전구 등이 말해 주고 있다.

무기의 변천사를 생각해 보자.

무딘 돌을 갈아 뾰족하게 만들고, 다시 그것에다 긴 막대기를 달고 그렇게 시작한 것이 창이 되고, 활과 화살, 총과 검 등으로 발전했다. 그러다가 제 2차 세계 대전에서 독일이 잠수함을 만들었을 때, 유럽은 독일의 수중에 들어가는 듯했지만 유럽

제 2부 실용적인 발명을 하라

은 곧 초음파 탐지기를 발명하여 독일의 잠수함을 무력하게 했
다.

　일본이 중국과 러시아를 정복했을 때 그들이 가진 무기와
죽음도 불사하는 충성심으로 무장한 일본군의 군사력은 끝없이
승리할 것으로 알았지만, 미국발명가의 아이디어와 원자폭탄이
라는 발명품은 일본의 무조건적인 항복을 받아냈다.

　새로운 발명품의 탄생은 끝이 없다.

　100년 전에도 그러했듯이 지금도 세상은 우리가 모르는 것
들로 가득 차 있다. 이 모든 것이 무한한 가능성의 세계를 말하
고 있는 것이다.

발명가로 성공하는 길

광기를 띠지 않는 천재는 없다

　　보통사람들이 하기 힘든 일을 이루어 낸 사람들은 대개가 한 가지 일에 절반쯤 미쳐있던 사람들이었다. 에디슨이 그랬고, 뉴턴도 그랬다.

　　이러한 과학자나 연구가들은 많은 에피소드를 낳았던 사람들이다.

　　에디슨은 어느 겨울날, 난로 앞에서 연구에 몰두하고 있었다. 난로 앞에 오래 앉아 있으면 뜨거워지는 것은 너무도 당연한 일이었다.

　　"앗, 뜨거워! 정말 뜨겁다."

　　그 모양을 보고 있던 조수가 말했다.

　　"의자를 난로 앞에서 좀 뒤로 빼고 앉으시죠."

　　"아! 그러면 되겠군. 내가 왜 진작 그 생각을 못했을까?"

　　조수는 속으로 빙그레 웃었다.

　　전류와 자력의 미지의 분야를 개척했던 선구적 과학자 안펠은 '건망증'에 있어서도 천재적이었다.

　　안펠의 연구실에는 늘 과학자들과 학생, 언론인, 또는 기업

가들이 찾아왔다고 한다. 그는 찾아온 방문객과 일일이 면담을 하느라 소중한 연구시간을 빼앗기고 있었다. 도망이라도 하고 싶었던 그는 한 가지 묘안을 짜냈다. 안펠은 자기연구실 입구의 문에 "안펠은 지금 외출중입니다"라고 큰 글씨로 써 붙여 놓았던 것이다.

그러던 어느 날, 안펠은 연구에 몰두하다가 문득 밖으로 나갈 일이 생각나서 어슬렁어슬렁 거리로 나갔다.

얼마 후, 연구실에 되돌아 온 그는 문에 붙은 자신의 글을 보고 말했다.

"아하, 나는 외출중이구나!"

그리고는 다시 밖으로 나가 버렸다고 한다.

이처럼 철저하게 잊어버리기를 잘하는 사람들이 위대한 과학자였다는 것을 생각할 때, 혹시 자신에게 건망증이 있다고 하여 자기 혐오에 빠질 이유는 없다고 생각한다.

유명한 과학자와 연구가, 발명가들은 평소 머릿속에서 아이디어가 얽히고 설켜 나오고, 거기에 사고력이 이어져서 늘 하는 행위대로 습관처럼 탐구할 수 있게 되는 것인지도 모른다.

에디슨은 회중시계를 달걀로 잘못 알고 입에 넣었다고 하고, 천재 과학자 개핑디슈는 사람들과 얼굴 대하는 것을 싫어해서 자기집 하녀조차도 얼굴 마주치기를 꺼려했다고 한다.

한 가지 일에 열중하려면, 주변의 사소한 문제쯤은 접어 두는 여유도 필요할 것이다.

제 2 부 실용적인 발명을 하라

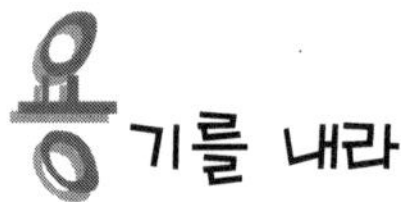
용기를 내라

독수리는 높은 산에서 살며 날카로운 부리와 발톱으로 용맹을 자랑하는 새 중의 새다.

그런데 어미 독수리가 새끼 독수리를 훈련시키는 과정을 보면 어미는 새끼를 입에 물고 절벽 위로 올라가 아래로 떨어뜨린다. 놀라서 당황하는 새끼 독수리가 날개를 퍼득이다 밑으로 곤두박질치면 어미는 그때서야 새끼를 구해 주고, 그렇게 하기를 수십 회. 그러다 보면 새끼 독수리는 날개에 힘이 생겨 하늘을 날게 되고, 용맹스러운 독수리가 되는 것이다.

"내가 과연 발명을 할 수 있을까?"

이런 질문 앞에서 스스로를 돌아보고 주춤거리는 사람들이 았을 것이다.

"어떻게든 해 보면 된다."

이런 믿음이 중요하다.

감독으로부터 호되게 혼나기도 하고, 지옥훈련을 받을 각오를 하면서도 축구부에 들어가는 학생은 운동이 좋아서 택한 일이기에 어떤 시련도 참고 견디며 노력을 경주한다. 마찬가지로 연구분야가 좋아서 선택한 사람들은 눈물겨운 노력을 아끼지 않고 있다.

그러나 아무리 천재라 할지라도 전 생애를 통하여 높은 생산성을 유지하면서 장기적으로 진지한 노력을 계속할 수는 없다고 한다. 그것은 여러 가지 경우에 자신을 잃을 때가 있는 것처럼, 정신적인 나약함이 원인이 될 수도 있을 것이다.

야구에서는 라이벌 선수가 컨디션이 좋기 때문에 상대적으로 자신이 슬럼프에 빠지는 경우가 많다고 한다.

영국산 경마용으로 혈통이 좋은 설러브레트라는 말을 경주

용 말로 키울 때는 베테랑 말과 함께 두 마리 말을 경주시키는데, 베테랑 말을 조금 앞서 달리게 하고 젊은 설러브레트는 필사적으로 쫓아가게 한다고 한다. 그러다가 결승점에 가까워서는 베테랑 말을 고의적으로 늦춰서 젊은 설러브레트가 앞지르게 한다.

이런 훈련을 반복하는 동안 젊은 설러브레트에게 결승 직전 다른 말을 앞질러야 한다는 것과, 어느 말보다도 앞설 수 있다는 자신감을 심어 준다는 것이다.

우리 인간의 정신구조는 경마보다는 훨씬 복잡하지만 "아이디어는 반드시 나온다"라고 믿는 것과, 신비한 발상이 자기에게는 송구스럽다고 사양하는 마음가짐을 갖는 것과는 큰 차이가 있다.

"하면 된다."

이렇게 생각하면 어느 정도는 된다. 곤란한 문제에 부딪쳐도 반드시 해결은 되는 법이다. 다만, "천재는 천재 나름의 답을 내놓고, 보통사람은 범인대로의 답을 내놓는다"라는 결과가 나올 것이다.

발명가로 성공하는 길

발견은 발명의 씨앗이다

역사 이래 많은 사람들이 자연현상을 보며 질문을 던져왔다.

"어떻게 해서 이렇게 될까?"

"저것은 무엇일까?"

"이렇게 하면 어떨까?"

작은 것에도 흥미를 가지고, 관찰하고 추리하고, 생각하고……, 바로 이런 사람들의 발견이 있었기에 문명을 이룰 수 있었다. 그 사람들이 주로 철학자이자 과학자, 그리고 발명가들이었다.

발명은 선대의 과학자들이 남긴 업적을 정리하고, 응용하여 실용화하는 과정을 말한다.

벨의 전화기를 보면, 그것은 간단하게 벨의 뛰어난 업적이라고 평가할 수도 있을 것이다. 그러나 조금만 더 깊이 생각해 보면 많은 사람의 땀과 노력이 얼룩져서 이루어진 것임을 알 수 있다.

한 이태리 사람이 전류가 발생하는 볼타전지를 발명하였다. 또 프랑스의 앙페르는 전기와 전자의 관계법칙을, 그리고 독일의 옴은 전기저항의 원리를 밝혀냈다. 이 세 가지의 발견을 이용하여 벨은 전화를 발명했다.

　만일, 전기·전자의 원리를 밝혀낸 앙페르 등이 없었다면, 벨은 전화기를 생각조차 하지 못하고 전기, 전자의 기초원리만을 연구하다 끝났을지도 모른다.

　이렇게 각기 다른 곳에서, 전혀 다른 사람이 발견해 낸 연구성과들이 하나의 발명품으로 실용화되는 순간 인류의 문명은 한 단계씩 발전하는 것이다.

　현대의 여러 가지 발명의 기초가 된 중요한 발견들은 벨의 전화처럼 수많은 사람들의 피나는 노력의 결과이다.

　사실 이런 연구결과의 교환이 활성화되지 못했을 때는 발명의 진행속도가 매우 느렸음을 알 수 있다.

발명가로 성공하는 길

증기기관의 원리는 2000년 전, 사진기의 원리는 800년 전에 밝혀졌다. 비행기의 원리와 헬리콥터의 설계, 낙하산은 400년 전에 구상되었다. 그러나 각기 다른 사람에 의해 발견된 사실들이 모아질 방법이 없었고, 연락할 기회가 없었다. 그래서 무엇인가 발명하려는 사람들은 누군가 거쳐간 과정을 다시 밟거나, 이미 다른 사람들이 거친 시행착오와 시련까지 되풀이하기도 했다.

하지만 현대에 와서는 그런 염려는 모두 사라졌다. 관심 있는 분야가 생기면 도서관으로 달려가, 앞서 관심을 가진 사람들의 연구성과를 찾아보면 되고, 컴퓨터를 통해 알아보면 된다.

만약 여러 분야에서 연구했던 발견자들이 없었다면 에디슨 또한 화학, 물리학, 수학 등을 공부하느라 발명에는 손도 대지 못했을 것이다.

이처럼 발견은 발명을 키우는 비료다. 적절한 비료를 제때에 공급해 주면 예쁜 꽃이나 열매를 얻게 되는 것처럼, 여러 가지 사실에 대한 발견이 이루어질 때 그만큼 풍성한 발명을 얻을 수 있게 되는 것이다.

제 2부 실용적인 발명을 하라

실용적인 발명에 매달려라

"실용적인 것을 발명하라."

이것은 발명가에게 절대적 원칙이다. 그런데 종종 이것을 지키지 않아, 실패하는 발명가들이 있다.

전등, 전화, 전신, 축음기, 영화 등 다방면에 걸쳐 뛰어난 업적을 남겼던 발명가 에디슨도 초창기에 이런 실수를 범한 적이 있다.

에디슨은 평생 동안 1919가지의 특허를 얻었는데, 가장 처음 특허를 얻은 것은 '투표기록기'라는 것이다. 그는 전신기사로 있으면서 국회의 투표가 시간을 허비하는 것에 마음이 걸렸다.

"국회가 투표를 하는 데 너무 많은 시간을 낭비하고 있어. 그 시간을 절약하면 훨씬 많은 일을 할 수 있을 텐데……."

그래서 에디슨은 생각 끝에, 투개표 과정을 자동으로 처리할 수 있는 투표기록기를 만들었다. 그것은 에디슨이 심혈을 기울여 만든 작품으로, 국회의 투표시간을 획기적으로 줄이는 데 크게 기여할 것으로 기대되는 발명품이었다.

그는 투표기록기를 들고, 의기양양하게 국회로 갔다. 그런

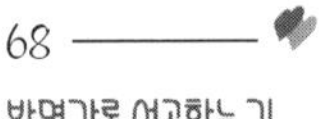

데 뜻밖에도 거절의 말을 듣고 돌아와야 했다.

"이 기계가 편리하기는 합니다만, 이것을 사용하면 소수당의 무기인 투표연장의 길이 막힙니다. 그러면 다수당의 횡포를 견제할 수 없게 되니, 국회에서는 사용할 수가 없습니다."

위원장의 반대에 에디슨은 큰 충격을 받았다. 그래서 스스로 굳게 다짐했다.

'이제부터는 세상이 필요로 하거나, 유용하다고 인정되는 물건만 만들어야 하겠구나.'

이것이 훗날 에디슨이 성공한 비결이기도 했다.

에디슨은 그 후 실용적인 발명품을 만드는 데만 철저히 힘

을 쏟아, 1871년에는 레밍턴식 타자기를, 1876년에는 전화기의 송화장치를 발명했다.

그리고 투표기록기의 실패 이후 10년째 되는 해인 어느 날 아침, 뉴욕의 과학잡지사 편집장 앞에 보따리를 든 에디슨이 나타났다.

"에디슨, 그게 뭔가?"

"괜찮으니 여길 돌려 보게."

편집장이 조심스럽게 돌려 보니 사람소리가 튀어 나왔다.

"안녕하십니까? 축음기를 어떻게 보십니까?"

새파랗게 질린 편집장은 조심스럽게 보따리를 풀었다.

축음기의 소문은 삽시간에 각 신문사로 퍼지고, 기자와 호기심에 찬 시민들이 모여들었다.

축음기를 진열한 전시장에 관람객들이 너무 많이 몰려 마루가 꺼질까 봐, 전람설명회를 중지해야 할 정도로 인기 있는 발명을 한 것이다.

발명왕 에디슨의 뼈아픈 경험은 자신에게뿐만 아니라 훗날 발명가들에게 좋은 교훈을 주고 있다.

발명가로 성공하는 길

실용성이 제품의 가치를 보증한다

발명은 누구나 할 수 있다. 그러나 발명의 성패는 실용성에 의해 좌우된다. 그러므로 발명품을 세상에 내놓기 위해서는 각별하고, 세심한 주의가 필요하다. 발명광이 되어 막무가내로 밀고 나가는 방법은 매우 곤란하다.

"크레파스는 너무 잘 부러져서 낭비가 되고 있어요. 그러니까 립스틱의 용기와 같이 덮개를 씌우면 부러지지도 않고, 손에도 묻지 않아 좋을 것 같아요."

어느 주부는 자신의 경험을 살려서 이와 같은 아이디어를 냈다. 그리고 상당한 돈을 투자하여 특허출원까지 마쳤다.

그러나 이 아이디어는 별로 관심을 끌지 못했다. 그도 그럴 것이, 덮개의 가격은 크레파스의 3배에 해당했기 때문이다. 이 경우 출원자는 자신의 아이디어가 상당히 실용적이라 생각했겠지만, 좀더 세밀한 사전조사가 필요했다.

이와는 반대로 실패작이라 생각했던 아이디어가 대단한 히트상품으로 변한 경우도 있다.

노랑색 접착성 종이쪽지 '포스트 잇'이 대표적인 사례로서,

발명가는 3M사 연구원 스펜서 실버.

실버는 당시 접착성 중합제의 신소재로 불리우는 '모노머'를 구입하여 새로운 접착제를 연구하고 있었다.

연구에 연구를 거듭하던 어느 날, 실버는 '모노머를 다량으로 반응혼합물 속에 넣으면 어떻게 될까?' 하는 엉뚱한 생각과 함께 실험에 착수했다.

엉뚱한 생각인 만큼 별다른 기대를 걸지 않았으나 신기한 결과가 나타났다. 접착성이라기보다는 응집성 정도의 신기한 접착제가 탄생한 것이다.

'접착성이 약해 붙었다가도 떨어져 버리는 이것을 어느 짝에 씁니까?

3M사는 특허출원만 하고 생산은 하지 않았다.

그로부터 5년 후인 1974년, 3M사의 제품사업부에서 일하던 '아서 프라이'는 교회 합창단에서 찬송가를 부르는 도중 이 발명의 새로운 쓰임새를 떠올렸다.

'주일에 부를 찬송가의 페이지에 붙었다가도 떨어지는 종이쪽지가 필요하다. 그렇다면?'

프라이의 제안을 받아들여 3M사는 포스트 잇의 생산을 개시했다. 이 발명품이 세계시장을 제패할 줄은 아무도 몰랐다.

이렇듯 발명품은 실용성이 있어서 그 제품이 반드시 인류의 생활이나 산업에 쓰여질 때 가치가 매겨진다. 아무리 기상천외한 발명이라도 그 물건이나 방법이 사용될 수 없다면 허무한 이론에 불과하거나 무용지물이 된다.

특히, 실용성이 있다고 여겨지는 유리한 요인은 기존의 것

과 비교해서 비용이 절감되고, 중량이 가벼우며, 크기가 감소될 뿐 아니라 안정성이 있어야 한다.

아무리 우수한 발명이라도 실현하는 데 장애가 있거나, 완성품의 작동이 잘 안 되며, 개발이 어려우면 실용화하는 데 큰 장애물이 될 것이다.

발명은 그 제품이 실제로 쓰여질 수 있어서 일상생활이나 산업에 이용이 가능하고, 시대에 잘 적응해야 성공할 수 있음에 유의하자.

꿈만으로는 성공할 수 없다.

제 2 부 실용적인 발명을 하라

문제해결이 가능한 것부터

우리는 늘 문제 속에서 산다.

"왜 이렇게 되었을까?"

"어떻게 해야 하지?"

발명의 세계는 문제로 시작된다고 해도 지나친 표현이 아닐 것이다.

"좀 더 편리하게 할 수 없을까?"

"어떻게 하면 빨리 끝내지?" 등등.

그 문제들을 바르게 잘 푸느냐, 못 푸느냐에 따라 발명의 성패가 가름된다.

문제는 쉬운 것부터 시작하여 어려운 것으로, 단순한 것에서부터 복잡한 것으로 풀어가는 방법이 문제해결의 바람직한 태도다.

나폴레옹은 "내 사전에는 불가능이란 없다"는 말로 정벌의 역사를 써 나갔지만 우리가 사는 현실에는 불가능한 일이 많기 때문이다.

발명이란 꿈과 이상이 아니다. 반드시 실용적이어야 한다.

그렇지 못한 발명은 시간낭비일 뿐이다.

　문제가 해결되어 풀릴 때는 실행할 수 있고, 풀리지 않을 때는 실행할 수 없으며, 해결이 어려운 문제는 실패의 원인이 된다. 문제해결이 가능한 것부터 실행하자.

　주인 없는 친절한 가게. 이름하여 자동판매기의 예를 들어보자.

　1920년부터 지구촌의 귀염둥이 가게 주인으로 등장한 자동판매기의 뿌리는 136년이나 되고, 발명사의 기록에 따르면 첫 번째 발명가는 영국의 덴함이다.

　당시 영국에서는 동전을 넣으면 움직이는 놀이기구가 유행하고 있었다. 이 놀이기구는 지금의 전자오락 기구만큼이나 인

기가 있었다. 이 놀이기구를 바라보는 사람들은 단순한 호기심 뿐이었으나 덴함의 경우는 달랐다.

'동전을 넣으면 일정한 시간만큼 움직인다. 어떤 원리일까?'

덴함은 의문을 갖고 있었고, 그 의문은 놀이기구 제작회사를 찾음으로써 쉽게 풀렸다.

"동전의 무게로 작동이 가능하도록 만들어졌습니다."

기술자의 설명을 들은 그의 머릿속으로 기발한 착상이 떠올랐다. 동전의 무게로 물건이 나올 수 있는 자동판매기를 생각한 것이다.

덴함이 처음 연구에 착수한 것은 우표와 수입인지의 자동판매기로 1페니를 넣으면 그것이 슈트에 전해져서 떨어지고, 이때 용수철의 끝이 벗겨져서 우표가 나오는 원리였다.

이 자동판매기의 발명으로 덴함은 영국 발명계에 화제의 인물로 등장했다.

이처럼 의문이 나는 부분을 현명하게 풀어가다 보면, 아이디어가 나오고, 방법을 골라 실행하면 발명을 성공시키는 데 큰 도움이 된다.

사물에 대해 의문을 갖고, 해결 가능한 문제부터 실행에 옮겨 보자.

발명가로 성공하는 길

장난감의 변화에도 주시하라

"아이들 장난감이나 만들어서 돈벌이가 되겠어?"

"장난감을 만드는 것도 발명이냐? 그냥 만들면 되는 거지!"

이런 생각을 가진 사람들은 다음 이야기를 귀담아들어 둘 필요가 있다.

제2차 세계대전 직후, 영국은 전쟁의 결과로 온 나라가 황폐화되어 있었다. 독일의 무차별 공격으로 많은 인명을 잃었고, 공공시설들은 무참히 파괴되었다. 비록 승전국이라고는 하지만 당장 먹고 입을 것이 없어, 미국의 원조를 받고 있을 때였다. 많은 기업들이 도산했고, 나머지 기업들도 도산 직전에 있었다.

그런데 이렇듯 열악한 경제환경에도 불구하고 한 기업만은 비약적인 발전을 해서 세계적인 기업이 되었다.

바로 '물 마시는 새'를 만든 장난감 회사였다.

'물 마시는 새'는 태엽이나 건전지가 필요 없는 장난감이다. 그저 물 한 잔만 주면 끊임없이 고개를 끄덕인다. 마치 살아 있는 새처럼 계속 몸을 움직이며 물을 마시는 것이다.

"와, 신기하다. 어떻게 움직이지?"

　많은 사람들이 신기하다며 장난감을 사 갔다. 어른들은 아이들을 위해, 혹은 자신들을 위해 이 신기한 새를 샀다. 이 작은 상품이 영국에 벌어들인 돈만 해도 수천만 달러에 이르렀다. 이것을 계기로 영국의 경제도 회복될 기미를 보였다.

　이 새는 어떻게 하여 끊임없이 움직일 수 있었을까? 새의 몸뚱이는 양쪽이 둥근 유리관으로 되어 있고, 발은 이 유리관을 천칭처럼 받치고 있다. 목이나 머리쪽에는 증발한 에틸의 증기가 차 있고, 꽁지 부분에는 증발하기 쉬운 에틸이 채워져 있다. 새의 부리는 물을 흡수하기 쉬운 외피로 싸여 있다. 그러니까 새의 머리가 물에 젖고 마름에 따라 에틸에 압력 차이가 생겨, 새는

발명가로 성공하는 길

끊임없이 목운동을 하게 되는 것이다.

참으로 간단한 원리였지만 영국의 국가경제를 회생시키는 데는 일조를 한 것이다.

또한 미국의 상인들도 보고만 있지는 않았다. 미국의 달러가 어린이들을 통해 자꾸만 영국으로 흘러갔기 때문이다.

그래서 만들어 낸 것이 '알 낳는 닭'이었다. 이것은 금속성의 태엽식으로 닭이 뒤뚱뒤뚱 서너 걸음 걸어가서는 알을 쏘옥 낳고, 또 걸어가는 것으로 미국 전역에 유행하기 시작했다.

우유 마시는 인형이나, 말하는 인형 등 어린이의 마음을 들뜨게 하는 완구들은 모두 훌륭한 실용신안의 상품들이다.

장난감쯤이라고 소홀히 생각할 것이 아니라, 어린이 교육에 많은 영향을 끼치고 있는 완구의 적극적인 개발에도 관심을 쏟아야 할 것이다.

좋은 책을 많이 읽어라

고여 있는 물은 썩기 쉽고, 쓰지 않으면 녹스는 것이 머리이다. 못에 녹이 슬듯이 빨간 녹이 생긴다는 것이 아니라, 더 이상의 발전이 없다는 뜻이다.

사람이 동물과 다른 것은, 지능이 있어 생각할 수 있는 능력이 있다는 것이다. 그러나 생각할 수 있는 능력이란 저절로 생기는 것이 아니다. 그것은 인류의 조상이 "왜?"라는 질문에 해답을 얻고자 끊임없이 노력해 온 결과이다.

인간이 생각할 기회를 빼앗기고, 적절한 교육을 받지 못한다면 사고능력에 제한을 받게 되어 때에 따라서는 짐승과 다를 바 없게 된다.

구슬은 닦을수록 빛이 나듯이, 생각하는 능력 또한 학습의 바탕 위에서 갈고 닦아야 생성된다.

학습의 기초는 읽고 쓰는 데서부터 출발하여 수리력, 합리적 사고능력을 키워가는 과정을 거쳐, 창의력을 개발하는 것이라 할 수 있다.

창의력을 키우는 데 가장 기초가 되는 것은 바로 좋은 책을

발명가로 성공하는 길

많이 읽는 일이다.

책 속에는 개인의 생애를 비롯하여 인류의 역사가 들어 있고, 위대한 발명이 있으며, 무한한 가능성을 제시해 줄 인생의 가치가 잠재되어 있다.

음식이 우리의 몸에 자양분을 공급하여 건강하고 튼튼하게 성장시키는 것이라면, 우리의 생각 속에 상상력·창의력·지혜 등을 공급하여 창조적 인간이 되게 하는 것이 바로 책이다.

그러나 음식도 먹어서 이로운 것이 있고, 해로운 것도 있듯이, 책도 읽어서 도움을 주는 책이 있는가 하면 읽지 않아야 좋을 책도 있다.

창의력을 키우는 데 도움이 되는 책들은 자서전과 탐정물

등이 있는데, 이런 책을 읽을 때는 읽는 사람이 책 속의 주인공이 되어 같이 호흡해야 한다. 또한 책은 생각하면서 읽어야 한다. 생각하지 않고 읽는 책은 별로 도움을 주지 못한다.

책의 앞부분을 읽은 후엔 그 책의 후반부가 어떻게 전개될 것인가를 독자 나름대로 상상하여 노트에 적어 보는 것도 상상력을 키우는 좋은 방법이 된다.

읽은 내용은 그때 그때 메모하면서 읽는 것이 창의력 훈련에 유익하다. 메모를 하는 것은 중요한 것과 그렇지 않은 것을 구별하는 사고의 훈련이며, 요약하는 일 또한 사고의 정리와 핵심파악에 매우 유익하다.

책은 지혜의 결정이요, 이성의 빛이요, 창조의 인자가 된다. 책을 잘 골라서, 생각하며 읽고, 생각을 체계화하는 훈련을 충분히 쌓아두자.

뇌활동에 좋은 음식을 섭취하라

"병원으로 가기 전에 식단을 개선하라"는 말이 있다.

우리가 매일 활동하는 데 꼭 필요한 영양소가 있다. 그 영양소 중 하나라도 부족하면 신체는 균형 있게 발달할 수 없다.

과거 우리 민족이 못 먹고, 못 입어 헐벗고 굶주린 때가 있었다. 그래서 그런지 이웃간의 인사말 중에는 지금도, "점심 먹었니?", "진지 잡수셨어요?"라는 말이 흔히 사용된다.

어머니들의 자녀양육 형태 또한 아이들이 밥 많이 먹고, 배 불러하면 우선 안심하고 만족해했다. 그래서 자식들에 대한 관심도, 먹는 것에 더 비중을 둔다.

"더 먹어라!"

그런데 두뇌활동을 좋게 하려면, 음식물은 양보다 질에 신경을 써야 하고, 영양소에 중점을 두어야 한다.

에디슨은 건강에 대해 큰 관심을 가졌었다.

"요즘 사람들은 과식을 하고 있다. 지금의 식사량을 3분의 1로 줄이고 영양가 있는 것을 먹어라."

에디슨은 발명왕이 되기까지, 건강에 항상 유의했으며 철저

한 금주금연가여서 술과 담배는 절대로 하지 않았다고 한다. 심지어 그의 연구실의 연구원까지도 술, 담배를 하는 사람은 뽑지 않았다.

그러면, 장래에 발명가처럼 머리를 많이 쓰거나, 두뇌활동을 좋게 하려면 어떻게 해야 할까?

첫째, 편식을 하지 않아야 한다. 영양을 골고루 섭취하되, 불필요한 탄수화물의 섭취, 짠 음식 등은 피한다.

편식은 영양소의 결핍뿐만 아니라, 신경질적이고 편협한 성격을 형성하게 하므로 주부들의 세심한 주의가 필요하다.

둘째, 음식물은 잘 씹어 먹어야 한다. 몸이 항상 피로해 있거나, 병을 앓고 있다면 생각한다는 것은 무리다.

"건전한 생각은, 건강한 신체에서" 오듯이 창의적이고 발전적이며 세심한 관찰력은 건강에서부터 온다.

"충분히 씹어 먹고, 충분히 자고, 충분히 운동해라."

이것이 옛부터 내려 온 건강비법이다. 특히 가정주부들이 아이들의 도시락을 쌀 때 유의해야 할 일이 있다.

많이 나아졌다고는 하나, 지금도 학생들의 도시락을 살펴보면 밥과 반찬의 고정관념을 버리지 못하고 있다.

밥은 아직도 잡곡밥보다 쌀밥이 많고, 영양이 무시된 반찬이 태반이다.

성장기의 어린이, 그리고 한참 영양을 골고루 필요로 하는 청소년들에게 있어서, 튼튼한 몸은 전쟁터에서의 무기와 같다는 사실을 명심하자.

제 2 부 실용적인 발명을 하라

학력이 전부는 아니다

대부분의 사람들은 발명은 박사나 과학자들이나 할 수 있는 것으로 착각하고 있다. 그러나 발명은 누구나 할 수 있다. 다만 순간적으로 스쳐가는 아이디어를 잡느냐, 놓치느냐가 성공을 좌우한다.

초등학교를 3개월 만에 쫓겨난 에디슨의 예를 들지 않더라도, 발명은 학력과 무관하며 별다른 연관관계가 없음을 증명하는 사례는 얼마든지 있다.

언뜻 보기에 별것 아닌 것 같은 '십자(＋)나사못'은 가난한 소년을 세계적인 부자로 만들어 놓았다.

발명가는 라디오 수리공이었던 필립이라는 미국 소년.

아버지가 병환으로 세상을 떠나자 그는 중학교를 중퇴하고 견습공으로 1년을 고생한 결과 라디오 수리공이 됐다. 하루 12시간 일에 매달리는 고된 직업이었지만 직업에 대한 긍지와 보람을 느끼고 있었다. 자신의 기술로 고친 고장난 라디오에서 아름다운 소리가 흘러나올 때는 환희를 느끼곤 했다.

어느 날 그에게 큰 문제가 발생했다. 고장난 라디오의 일

(一)자 나사못을 빼야 수리를 할 수 있는데 일(一)자 홈이 완전히 닳아 드라이버의 날을 들이댈 수도 없었던 것이다.

그는 할 수 없이 망가진 ─자 홈을 부시하고 그 자리에 +자 홈을 파기로 했다. 무심코 한 이 행위가 세계적인 발명인 줄은 전혀 몰랐다. 단순히 한쪽(─)이 망가지면 다른 한쪽(│)을 사용한다는 생각뿐이었다.

얼마 후 +자로 파놓은 나사못의 홈이 ─자보다 쉽게 망가지지 않는다는 사실도 발견했다. 또 드라이버도 +자로 만들면 홈에 미치는 드라이버의 힘이 ─자에서 +자로 분산되어 힘을 배가시킬 수 있고, 홈이 잘 망가지지 않는다는 것도 알아냈다.

이후 자신이 사용하는 나사못과 드라이버를 모두 ㅡ자에서 ＋자로 바꾸어 고장난 라디오를 수리했는데 여간 편리한 게 아니었다.

우리 나라의 대표적인 사람은 전 아이디어 뱅크(IBG)의 박병기 씨이다.

그의 학력은 초등학교 졸업이 전부다. 그는 목욕탕 때밀이에서부터 공사장의 막노동꾼, 과일 행상, 구두닦이 등을 전전한 사람이다. 그런 그에게 전세계가 주목한 것은 1994년 스위스 제네바에서 열린 제22회 국제발명신기술 및 신제품전시회에서 금상 수상을 비롯한 4건의 특허를 보유하면서부터였다.

박사도 아니고, 남달리 뛰어난 머리를 가진 것도 아닌 박병기 씨가 주목을 받게 된 이유는 무엇일까? 과일 행상을 하던 시절, 사과를 팔고 나면 빈 나무상자를 처리하는 것이 보통 일이 아니었는데, 고민 끝에 그는 '접는 상자'를 발명했다.

뿐만 아니라 그는 '좌우 문열림 장치'를 발명하여, 냉장고를 비롯한 모든 문에 손쉽게 부착할 수 있는 새로운 발명품을 세계 50개국에 출원했고, 국내에서는 삼성이 이것을 샀다.

제 3 부

가까운 곳에서 찾아라

창의적인 생각은 발명의 자산이다

　　지금은 남과 같아서는 살아남을 수 없는 세상이다. 창의력 개발이 그 어느 때보다 강조되고 있는 현실이다.

　　특히 청소년들의 창의력 개발만이 사회 전체의 희망찬 미래를 보장받을 수 있는 시대다.

　　세계적인 석학들은 "많은 청소년들이 자신의 창의력을 발견하지 못하고 향락을 쫓아 시간을 소비하고 있다. 그러나 청소년들이여, '자신의 창의력을 살려라'라는 말을 잊어서는 안 된다. 그것을 찾는 과정이야말로 정열과 사랑, 그리고 진정한 행복이 숨어 있음을 알아야 한다"고 충고하고 있다.

　　사람이란 나이에 관계없이 창조적 표현을 하고자 하는 욕구를 가지고 있다.

　　어린 아이가 몸짓으로 무엇인가를 표현하고, 학생들이 그림을 그리며, 시인이 자기 감정을 그려내고, 발명가가 새로운 물건을 만들어 내는 것 또한 모두 창의적 지혜의 산물인 것이다. 인간은 이러한 창조적 표현을 통해 기쁨을 얻고, 보람된 삶을 살아가게 된다.

　　일본의 M이라는 청년은 잘 생긴 외모에 착한 성품을 가지고 있었다. 그러나 매일 술집과 오락실을 오가며 놀기를 좋아했다. 매일 친구들과 술집에서 외상으로 마시고 놀며 얼음공장을 하는 아버지에게 갚도록 미루어 왔다.

　　노는 것에만 시간을 보내다보니 그의 나이 어느덧 28세가 되었다. 그 때 발명계의 인사로부터 "인생을 낭비하지 말고 창의력을 가지고 사물을 바라보라"는 충고를 듣게 되었다.

　　"인생의 진정한 즐거움이란 향락이 아니라, 연구하고 발명하는 창의력에 있다네. 만일 자네가 진정한 행복을 얻으려면 부친의 얼음공장 일을 보다 능률적으로 할 수 있는 방법부터 생각해 보게나."

발명가로 성공하는 길

그 후, 천성이 착한 M은 그 인사의 충고를 받아들여 아버지의 일을 도우며 작업의 능률을 올릴 수 있는 방법을 연구하기 시작했다.

얼음공장은 여름이면 더욱 바빴다. 5~6명의 젊은이가 아침 일찍부터 얼음을 잘라야 하는데, 1개에 150kg인 얼음을 톱으로 잘라 4kg, 8kg의 단위로 만드는 작업은 여간 힘들고 번거로운 일이 아니었다.

'쉽게 일할 수 있는 좋은 방법이 없을까?'

힘들게 얼음을 자르던 M은 문득 제재소의 둥근 톱을 생각해 냈다. 이 때부터 매일 제재소를 견학하며 얼음을 자르는 둥근 톱에 대한 연구를 했다.

1년 후, M은 훌륭한 얼음절단기를 만들어냈다. 그 기계는 얼음공장의 작업능률을 6배 이상 향상시켰다. M은 서둘러서 특허청의 출원도 마쳐 완전한 권리를 갖게 되었다.

M은 이 발명으로 큰 돈을 벌어 독립적인 아이디어 회사를 설립할 수 있었다.

창의적인 생각은 발명을 낳게 하는 큰 자산이다. 자신의 창의력은 자신만이 발견할 수 있고 또, 발휘할 수 있다.

아이디어를 찾아내려면

발명을 위한 아이디어를 찾아내려면 가까운 주변이나, 생활 환경 속에서 일어나는 사물 혹은 일에 대하여 세심한 관심을 가져야 한다.

뉴턴은 사과가 나무에서 떨어지는 것을 보고, 만유인력의 법칙을 발견했다. 태초부터 과일은 익으면 땅에 떨어지지만 그것을 눈여겨 본 사람이 없었고, 뉴턴에 와서야 그곳에 우주의 원리가 들어 있다는 것을 알아차린 것이다.

이것은 뉴턴이 사물에 대해 세심한 관심과 관찰력을 기울였던 과학자라는 것을 증명하고 있다.

발명 또한 사물에 대한 호기심과 문제의식을 갖고, 문제를 더 깊이 파헤치도록 세심한 관심을 갖는 데서부터 출발한다.

종이를 발명한 채륜의 예를 들어보자.

종이가 발명되기 이전에도, 문자를 기록하는 방법은 있었다. 넓은 잎사귀에 글을 적거나, 양피가죽, 대나무, 얇은 널빤지 등을 이용해 사람들은 기록을 남겼다.

그러나 이것들은 구하기 힘들거나, 운반이 어려운 단점을

발명가로 성공하는 길

지니고 있었다. 많은 사람들이 새로운 '쓸 것'을 고대하고 있었고, 중국의 학자 채륜 역시 같은 생각을 품고 있었다.

'글쓰기에 좀더 가볍고, 좋은 것은 없을까?'

그는 이런 생각을 하며 정원을 거닐고 있었다. 그런데 어디선가, 벌의 날개짓 소리가 그의 사색을 방해하기 시작했다.

"오! 너희들이 집을 짓느라고 그리 요란하구나."

채륜은 호박벌이 집을 짓는 광경을 유심히 살펴보았다.

제 3 부 가까운 곳에서 찾아라

　"입에서 액체를 내어 나무껍질을 반죽하는구나. 오라! 얇고 흰색이라 글씨를 써도 좋겠는걸!"

　채륜은 호박벌이 집을 짓는 광경을 보다가 힌트를 얻어 종이를 발명하기에 이르렀던 것이다.

　이처럼 사물에 대한 세심한 관심과 문제의식의 제기가 있을 때 발명은 시작된다.

　"왜 이렇게 될까?"

　"왜 잘 안 될까?"

　"이것이 무엇일까?"

　"어떻게 더 좋아질 수 없을까?'

하는 생각들을 하다보면 여러 가지 문제가 있게 마련이다. 그 문제를 더 깊이 파헤치도록 세심한 관심을 갖는 습관을 기르다보면 자기가 하고 싶은 것이나, 현재 하고 있는 일 중에서 해결책을 쉽게 찾을 수 있을 것이다. 문제점을 파헤쳐 해결하는 아이디어, 그것이 바로 발명으로 이어지기 때문이다.

　아이디어를 찾아내려면, 항상 문제를 찾아나서는 세심한 관심이 필요하다는 것을 기억하자.

1장 가까운 곳에서 찾아라

우리의 생활주변을 살펴보면 크고 작은 발명품으로 가득 차 있다.

생활 공간 중에 비교적 시간을 많이 보내는 가정의 거실이라든가, 침실, 서재, 식당, 화장실에 이르기까지 그 환경이나 용품들에서 기발한 아이디어를 얼마든지 찾을 수 있다.

그리고 개인의 몸과 관련된 것을 보더라도 모자나 갖가지 옷들, 신발은 물론 안경, 시계, 액세서리 등에서도 또한 실험기구나 교육과정에서 나오는 모든 과학기술의 실습이나 체험을 통해서도 찾을 수 있나.

일하는 사람은 일터에서 하고 있는 일을 연구하고 개선하는 아이디어가 나오고, 취미와 소질을 살려서 새 생각을 하면 그 착상이 보람찬 욕망을 메워 주므로 목표달성과 더불어 발명으로 이어지게 된다.

그러므로 생활주변에서 보다 편리하게, 보다 아름답게, 보다 견고하게, 보다 값싸게 하려고 걸림돌을 없애거나 복잡한 것을 단순화시키면 바로 그 아이디어가 발명이 되는 것이다.

아이디어는 자기와 가장 가깝고, 밀접한 생활주변에서 손쉽게 찾을 수 있다는 예로는 사쿠라이의 삼각팬티를 들 수 있다.

사쿠라이 여사는 일본의 50대 중반의 할머니였다.

젊은 시절 의류 소매상을 한 것이 옷과 관련된 인연의 전부였는데 어느 날, 나이가 들어 집에서 손자들을 돌보던 사쿠라이 여사는 손자들이 무릎까지 닿을 정도로 긴 속옷에 몹시 불편해 하는 것을 발견했다.

당시는 동서양을 막론하고, 반바지에 가까운 속옷밖에 없었기 때문에 겉옷을 입기에도 불편했으며 특히, 더운 여름철에는 여간 성가신 게 아니었다.

"속옷의 구실은 단지 은밀한 곳을 가리는 데 있다. 쓸데없는

발명가로 성공하는 길

부분까지 길게 만들 이유가 없지."

그녀는 데트론 천으로 만든 헌 자루를 싹둑 잘라, 다리가 들어갈 수 있는 구멍을 내고 봉제했는데 그것이 바로 삼각팬티였다.

삼각팬티는 가볍고 편리하며, 산뜻하기가 그만이었다.

"발명이라는 것이 별 게 아니군. 내친 김에 몇 가지 더 만들어 볼까?"

그래서 곧바로 나온 팬티시리즈 2탄은 유니크 팬티. 이어서 스타킹을 겸한 타이츠 팬티, 아톰 팬티 등 히트작이 계속해서 쏟아져 나왔다.

또한 고무장갑을 끼고 설거지를 하던 아내가 접시를 떨어뜨려 깨는 것을 보고, 표면이 껄끄러운 고무장갑을 고안한 이다야 이와오의 경우도 생활 속에서 얻은 아이디어로 성공한 예이다.

이 밖에도 생활 속에서 얻은 아이디어로 성공한 사례는 수없이 많다.

발명을 낳아 주는 아이디어는 이처럼 나와 가장 밀접한 곳에서 찾을 수 있음을 염두에 두고, 가까운 곳을 살펴보자.

실수를 겁내지 말라

뉴턴은 그의 생애를 통해 많은 논문을 발표하여 유명해졌지만, 그 중에는 틀린 논문이 많은 것으로도 유명하다.

본래 없던 길을 찾아가는 것이 발명행위이기 때문에 시행착오란 당연한 것으로 보아야 한다.

실패는 성공의 어머니라고 했다.

대부분의 사람들은 일이 뜻대로 되지 않고 실패를 하게 되면 의기소침해지거나 낙담하는 경우가 많다. 그러나 만일 창의력이 있는 사람이라면 실패가 가져다 주는 잠재적 가치를 깨닫고, 실패의 원인을 분석하여 새로운 아이디어에 접근하고자 노력을 거듭할 것이다.

천재라고 일컬어진 사람들의 전기를 읽어보면 보통사람보다 몇십 배의 실패가 누적되어 있었음을 알 수 있다. 하지만 실패에 그치지 않고, 실패할 때마다 체험을 토대로 마지막에는 큰 성공을 거두었다.

발명의 세계에서도 그와 마찬가지이다.

발명왕 에디슨은 전구에 불이 켜지지 않는 방법을 무려

1800 가지나 알고 난 후에야 비로소 전구에 불을 켤 수 있었다.

　실패에는 또 하나의 효과가 있다. 그것은 바로 방향전환의 필요성을 가르쳐 주는 것이다. 실수를 저지르게 되면 새로운 아이디어를 찾는 계기로 삼아 원인을 분석한 후, 방향전환이 필요할 때는 과감하게 선회할 수 있는 용기가 필요하다.

　독일의 한 제지회사에서 어떤 기사가 제조공정에 풀을 넣는 것을 잊어버려 대량의 실패 종이를 만들어냈다. 그 종이에 펜으로 글씨를 썼더니 번져버려서 도저히 알아볼 수가 없었다.

　그 기사는 쫓겨날 것을 각오하고 친구와 둘이서 그 종이를 조금이라도 쓸 수 있는 방도를 강구해서 돈을 건져보려고 생각했다.

　어느 날, 바닥에 떨어진 잉크 위에 그 종이를 놓았더니 잉크가 그 종이에 모조리 흡수되었다. 그 때 힌트를 얻어서 이 못쓰

제 3 부 가까운 곳에서 찾아라

는 종이를 흡착지로 만들었더니, 일시에 팔려나갔다. 더구나 이 제조법이 특허등록이 되어 회사는 크게 발전하였고, 그 실패했던 기사와 친구는 중역으로 승진이 되었다. 이것이 요즘 실험실에서 여과지로 쓰이는 흡착지 발명의 이야기이다.

만일 실패를 하게 되면 두 가지를 기억하자.

무엇 때문에 실패했는지 반성해 보고, 실패란 새로운 방법을 다시 시도해 볼 수 있는 기회라는 것을 잊지 않도록 하자.

발명가로 성공하는 길

만다라를 활용하라

아주 오랜 옛날부터 예술가들은 '만다라'를 다방면으로 활용해 왔다. 만다라는 하나의 중심점을 갖는 대칭도형을 말한다.

눈송이나, 나무줄기의 단면을 현미경으로 보면 나타나는 무늬가 있을 것이다. 하나의 중심점을 갖는 그 대칭도형이 바로 만다라의 한 예이다.

만다라는 사람의 눈에서도 찾아볼 수 있고, 보석, 꽃 등에서도 발견된다. 홍채가 만드는 눈동자를 보면 대칭형을 이루고 있고, 보석이나 꽃 모양도 대칭형을 이루고 있다.

미술이나 건축, 종교적 상징물에서도 나타나는데, 대부분의 짜임새가 정교하고 조화를 이루고 있다.

만화경을 통해 요술의 세계에 처음 접했을 때의 흥분과 기쁨을 기억하고 있는가? 그 때 보았던 수없이 많은 꽃무늬들도 아름답고 멋진 만다라였을 것이다.

만다라는 칠보, 보석, 그림, 그리고 특히 동양에서는 도자기 디자인에 많이 활용되어 왔다.

신비주의자들은 정신적인 집중을 증대시키고, 영적인 깨달

음에 도달하기 위하여 수백 년 동안 만다라를 사용해 왔다고 한다.

심리학자 칼 융(Carl Jung)은 자신의 내적 성장을 위해 만다라를 사용했으며, 심리치료에도 적용했다. 그는 꿈에서 "만다라가 계속 나타난다"고 말한 적이 있는데, 꿈에서 경험한 일 못지않게 그 '만다라'를 중요하게 여겼다고 한다.

유럽의 오래된 성당과 교회는 스테인드 글라스 ─ 수 세기 동안 예술가와 신도들의 찬사를 받아온 ─ 에 만다라를 그려 넣음으로써 묵상과 기도에 쉽게 젖어들 수 있는 세심한 배려를 아끼지 않았다.

만다라를 사용하는 가장 효과적인 방법은 조용한 장소에 편안히 앉아서 그 중심에 초점을 두고 바라보는 것이다. 만다라의 중심에 초점을 두게 되면 긴장이 서서히 풀리면서 2~3분 동안에 마음이 차분하게 가라앉게 된다. 특히 만다라는 공간적인 자료이므로 언어적인 왼쪽 뇌는 차츰 눈을 감게 되고, 반면에 공간 지각력이 뛰어난 오른쪽 뇌가 기지개를 하면서 잠에서 깨어나게 된다.

몸과 마음의 긴장이 풀리게 되고, 머리에 잡념이 사라지면 오른쪽 뇌는 더욱 힘을 얻어, 정신적·육체적으로 '느낌'에 가장 민감한 상태가 될 것이다.

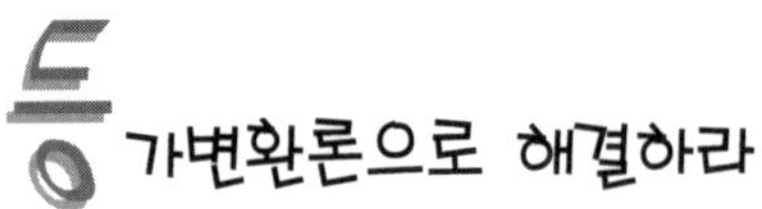

등가변환론으로 해결하라

등가변환론(等價變換論)이란 창조활동 과정에서 이미 알고 있는 사물, 또는 그것의 원리나 법칙과, 해결해야 할 문제, 개선해야 할 물건 사이에 등가관계를 발견하고, 이를 변환함으로써 문제를 해결하는 기법이다.

예를 들면 보일러를 개량하려는 사람이 '순환'이라는 점에 착안하여, 인체의 혈액순환 원리와 구조를 보일러 개선의 아이디어로 채택하는 것과 같은 일을 말한다.

이것은 결국 문제의 본질을 파악하고 유비의 기법을 이용하여 두 대상의 상호관계에 등가적 대응을 만들어, 원래는 관계가 없어 보이는 두 대상에서 공통점을 발견하고, 그 공통점 또는 유사점으로부터 문제해결의 힌트를 얻어내는 기법이다.

등가변환론의 단계적 절차는 다음과 같다.

먼저 문제를 명확하게 파악하고, 성공의 판정기준이 되는 도달목표를 구체적으로 분명히 설정한다. 다음에는 문제해결에 관련되는 요인들이 무엇인지를 검토하여 목표를 달성하기 위한 유용하고 가능한 수단들을 내놓는다.

발명가로 성공하는 길

　사용가능한 수단 중에서 문제해결의 핵심적 요인 (Vital Few)을 추출하는데, 이 핵심적 요인의 추출이 등가변환적 사고의 방향을 결정하게 된다.

　다음에는 핵심적 요인에 관련되는 현상들을 주위에서 되도록 많이 조사해 본다. 자신의 경험이나 지식을 통하여 관련되는 현상 중에서, 가장 효과적이라고 생각되는 현상을 선택한다.

　선택한 현상을 분석하여 그 현상의 구조와 원리·기능·작용상으로 한정되는 조건이 무엇인지 찾아본다.

　마지막으로 목표달성을 위한 문제의 본질과, 선택한 현상의 한정조건과를 결합시켜 문제해결의 아이디어를 구한다.

부족한 지식은 타인에게서 빌려라

　자기가 갖고 있는 지식과 체험을 집약시켜 새로운 것을 만드는 것이 창조라고 할 수 있다. 그러므로 폭넓고 깊이 있는 지식을 많이 갖고 있는 사람은 발명을 잘 할 수 있게 된다.

　그러나 개인이 지니고 있는 지식에는 한계가 있다. 아무리 욕심을 내도 삼라만상에 정통하기는 어렵기 때문이다. 그래서 자신과는 다른 지식이나, 체험을 갖고 있는 사람의 협력을 얻어서 부족한 부분을 보충할 필요가 있다.

　전화를 예로 든다면, 알렉산더 벨이 발명했다고 알고 있겠지만 벨 혼자서 전화를 발명한 것은 아니다. 벨의 발명보다 앞선 1854년, 프랑스의 보사르가 얇은 금속판을 전선에 이어서 한편에서 소리를 보내면 금속판이 진동하고 전리적으로 변하여 전해지는 것을 생각하였고, 1860년 라이스가 이 생각을 실험으로 옮겨 그 결과를 프랑크푸르트의 물리학회에서 발표하였다. 그 때 처음으로 텔레폰이라는 말이 사용되었다.

　또 벨이 특허를 출원했을 때, 1시간 뒤에 에이러샤 그레이가 다른 전화기의 특허를 출원했다.

발명가로 성공하는 길

　1870년에는 에디슨도 탄소식 송화기의 특허를 받아서 이 3
자는 긴 기간에 걸쳐서 극심한 특허권 싸움을 지속하였고, 결국
벨의 특허가 인정되어 벨이 발명자가 되었다. 그러나 이렇게 경
쟁하는 좋은 발명의 동지들이 있었기 때문에 효율성이 향상되고
우수한 발명품을 이끌어 낼 수 있었다.

　벨은 마치 전화를 발명하기 위해 태어났다고 할 정도의 환
경에서 자랐다. 그의 아버지는 농아학교의 특수아 교사로 혀와
목, 입술의 움직임을 기호로 나타내서 '눈으로 보는 말'을 발명한
사람이다. 벨의 어머니 또한 귀가 부자유스러워 보청기를 끼지
않으면 말을 거의 알아듣지 못할 정도였다고 한다.

　그래서 벨은 소년시절부터 아버지의 표음문자의 일을 배워

화술의 연구를 열심히 계속했었다. 뿐만 아니라 런던에 있는 할아버지 댁에 갔을 때는 거기서 몇 세기 전부터 생각하여 만들어 왔던 '말하는 기계'에 흥미를 가지고, 혼자서 실험을 즐기기도 하였다.

이들 모두가 벨이 전화를 만들 수 있기까지 그에게 도움을 준 사람들이다.

결국 그들의 도움에 힘입어 벨은 전화를 발명할 수 있었던 것이다.

발명가로 성공하는 길

모방은 창조의 기초다

모방은 창조의 기초라고 한다.

일반적으로 기업들은 어떤 것을 처음 발명했을 경우 떠들어 대기를 좋아하지만 모방을 잘 한다는 사실은 밝히기를 꺼린다. 그러나 모방이 독창적인 것에 비해 덜 유익하고 가치가 적다는 생각은 버리는 것이 좋다.

모방은 발명기법 중 가장 신속한 방법으로 그다지 많이 생각하지 않아도 되는 장점이 있다. 그러나 도가 지나치면 단순한 모방이지 발명이 아님을 명심해야 한다. 특허를 모방하는 것은 법으로 금지되어 있다.

그래도 남의 권리, 아이디어를 빌려서 새로운 발명을 한다는 것은 장려되고 있다. 실용신안 제도가 바로 그것인데, 이미 특허로 등록되어 있는 기술이라도 개선하면 실용신안 등록이 가능하다.

특허를 대발명, 실용신안을 소발명이라고 하는 것은 바로 이런 이유에서이다.

미국 펩시사의 북미지역 사장은 "아이디어를 훔치는 것이야

말로 인간이 할 수 있는 가장 존경스러운 일 중의 하나이다"라고
했으며, 리엔지니어링의 경영혁신을 불러일으킨 미국의 월마트
할인점의 샘 월튼은 그의 자서전에서, "내가 한 일의 대부분은
다른 사람의 것을 베낀 것이었다"라고 술회했다.

1991년 뉴욕 타임즈는, "오랫동안 업계의 여타 기업들은 마
이크로소프트사의 연구개발실로 봉사해 왔다"며 경쟁사들의 불
만을 보도했다.

이처럼 컴퓨터 분야의 최고기술을 갖고 있다고 인정하는 마
이크로소프트사도 남의 것을 모방하여 이룩한 것임을 알 수 있

발명가로 성공하는 길

다.

　전자레인지를 개발한 것은 미국의 레이온으로서 레이더 레인지를 개발하여 주로 상업용 레인지에 주력하였으나, 1970년 일본의 파낙소니가 기술을 보완하여 일본 주택구조에 맞게 개발, 시장을 석권했다. 1980년대에는 우리 나라의 삼성이 세계시장을 주도하게 되었다.

　삼성은 세계 최고 기업들의 전자레인지를 관찰하고, 가장 좋은 특징들만 딴 제품을 디자인한 다음 저원가 생산의 특기를 이용하여 가격에 민감한 미국시장을 장악해 버렸다.

　발명의 세계에서는 이처럼 남의 기업을 모방하든, 경쟁상대의 전략을 모방하든, 동물·식물 등 자연현상을 모방하든 모방의 대상은 얼마든지 널려 있고, 남의 아이디어를 모방하는 것이 많은 이익을 가져오기도 한다.

　경쟁대상을 철저히 분석하여, 자신의 아이디어를 플러스 해보자. 그러나 무엇보다도 원발명자에게 폐를 끼쳐서는 안 된다. 발명가가 되려면 특허법에 관한 책은 반드시 읽어두어야 한다.

모방하는 지혜를 터득하라

　　모방은 또 하나의 창작이다. 발명으로 성공하는 데는 여러 가지 방법이 있으나 그 중에서 흉내내는 것이 가장 빠른 수법이라고들 한다.

　　글씨, 운동, 춤 등 배우고 흉내를 거듭하다 보면 익숙해지는 것처럼 발명의 세계도 마찬가지이다.

　　좋은 물건을 보면 그와 같은 것을 창작해 본다. 그러다 보면 어디가 좋은지 알게 되고, 습관이 흉내내어져서 익혀지게 된다. 아리스토텔레스는 그의 「시학」에서 "모방은 인간이 어린 시절부터 갖고 있는 것이며, 인간이 세상에서 가장 모방을 잘 하는 동물로, 처음에는 모방에 의해서 배운다"고 했다.

　　발명왕 에디슨 역시 "타인이 많이 사용한 신기하고 흥미로운 아이디어를 끊임없이 찾는 습관을 기르는 것이 발명의 시작이다"라고 말한 바 있다.

　　경제대국인 일본은 모방에서 비롯되었다고 해도 과언이 아닐 만큼 모방에서는 천재적인 기질을 발휘했다.

　　일본의 무카이 회사 S사장은 '먹이를 먹으러 들어가면 나오

지 못하는 쥐틀'이라는 남의 아이디어를 빌려서 같은 원리의 '바퀴벌레틀'을 발명하여 6억 엔이나 벌었다.

같은 일본인인 오노 씨는 어린 시절에 '파리가 붙으면 죽는 끈끈한 종이'를 보고 훗날 '바퀴벌레가 달라붙으면 죽는 끈끈한 종이'를 만들어 그 역시 7조 엔이라는 거액을 벌어 들였다.

이처럼 발명의 세계에는 남의 아이디어를 빌리는 것이 많은 이익을 주기도 한다. 그러나 모방으로 그쳐서는 독창성이 생기지 않는다. 모방을 할 수 있는 단계가 되면 모방은 버리고 독자적인 발명, 고안을 노려야 성공적인 발명을 할 수 있다.

발명이나, 아이디어에 부딪치기를 원하는 사람은 다만 자기의 취미를 살리려는 행위에서 그치지 말고 앞서 걸어간 성공한 발명가의 단계를 자기 안에 옮겨 발상을 거듭하다 보면 성공에 도달하기가 쉽다.

그렇게 하기 위하여 성공자들은 어떠한 발상으로 발명을 얻어냈는가? 그것을 어떻게 살렸는가? 어떻게 이용했을까? 등 성공까지의 과정을 배우며 효율적인 발명에 도전한다.

요컨대 성공자의 방법을 그대로 흉내내거나, 모방을 할 수 있으면 그것으로도 반쯤 능력을 갖추었다고 할 수 있다. 그들이 특허출원했던 명세서도 써보고 도면도 작성하면서 발명의 포인트와 작품의 표현력을 몸에 배게 한다.

그러면 당신도 어느새 발명가가 되고 있음을 깨닫게 될 것이다.

타인의 발명을 이용하라

짙푸른 나뭇잎이 갈색으로 물들어가는 어느 가을날, 스위스의 조르즈 도메스트랄은 사냥을 즐기고 있었다. 그는 휴일이면 엽총을 들고 산에 들어가서 짐승들을 쫓아다니는 것이 취미였다.

"산토끼다!"

도메스트랄이 잡목숲을 헤치고, 완만한 비탈길에 이르렀을 때 나무숲 사이에서 갑자기 산토끼가 뛰어 나왔다. 그는 순간적으로 총을 겨누고 사격할 자세를 취했지만 토끼는 어찌나 날쌘지 풀숲 속으로 달아나고 밀었다.

"이런! 놓쳤잖아."

도메스트랄은 중얼거리며 땀을 닦았다.

풀숲을 빠져나온 도메스트랄은 무심코 바지를 털다가 여기 저기 들풀의 작은 덧껍데기들이 빽빽하게 달라붙어 있는 것을 보았다.

가을이 깊어 여러 가지 초목의 씨가 결실을 시작할 때면 숲 속의 작은 동물들은 다가올 겨울에 대비하기 위해 열매를 찾아

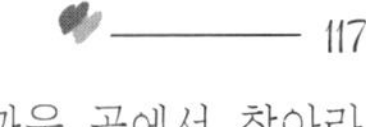

제 3 부 가까운 곳에서 찾아라

다니는데, 들풀 중에는 이들 동물의 몸에 붙어서 멀리까지 종자가 흩어지도록 종자껍질의 표면에 작은 침상과 돌기상의 다발을 갖춘 식물이 적지 않다.

도메스트랄의 바지에도 몇 가지 들풀의 열매가 그 특유의 다발로 자물쇠처럼 잠겨져 붙어 있었다. 무엇 하나 잡지 못한 그가 터벅터벅 집으로 돌아와 바지에 붙어 있는 풀씨를 털어 버리려고 했지만 잘 떨어지지 않았다.

'왜 이렇게 안 떨어지지?'

탐구심을 발휘한 그는 돋보기로 풀씨들을 꼼꼼히 관찰해 보았다. 열매 표면에는 작은 톱니모양의 가시가 무수히 붙어있는 것을 발견할 수 있었다.

그 현상에서 힌트를 얻은 그는 '베그로'(별명, 매직파스너)라는 편리한 파스너를 발명하였는데 지금의 의류, 신발 등에 쓰이는 '찍찍이'가 바로 그것이다.

발명가로 성공하는 길

도메스트랄은 천에다 파스너를 붙여서 쓸 수 있게 만들어 내는 데 십수 년이 걸렸다. 그런데 이것을 시계 끝에 사용할 것을 생각한 K씨는 몇 시간 만에 고안하여 성공하였다.

타인이 발명한 것을 이용하거나, 그 위에 아이디어를 덧붙이는 것은 허용되므로 상품의 발명에서는 이와 같이 한 걸음 진전된 방법이 많이 이용되고 있다.

또한 타인의 발명을 토대로 하여 다른 발명을 하고자 할 때 주의할 것은 발명의 구성요건을 하나나 둘 정도 빼내고서 바꾸어 놓는 것이 중요하다.

잘못하면 '특허침해'로 소송을 당할 수가 있기 때문이다. 그러나 일반적으로 한쪽의 발명을 구성하고 있는 기술을 전부 쓰지만 않는다면, 두 개의 발명이 같다든지 침해했다고 하는 것에 해당되지 않는다.

그러므로 멋진 발명을 보면 '과연!' 하고 감동하며, 그것에 대신할 만한 상품을 만들 수 없을까 생각해 보자.

브레인 스토밍이란 무엇인가

1941년 BBPO 광고대리점의 알렉스 F. 오스본은 광고관계의 아이디어를 내기 위한 일종의 회의방식을 생각해 냈다. 이것이 나중에 브레인 스토밍이라고 불리게 된 것이다.

간단히 말하면, 브레인 스토밍이란 어떤 한 가지 문제에 관하여 서로 아이디어를 내는 회의인 것이다. 그러므로 문제해결 단계 중 '아이디어를 낸다'는 것을 중심으로 한 기술이라 하겠다.

'브레인 스토밍'이란 말의 원래 의미는 정신병환자의 두뇌 착란상태를 말하는 것인데, 이 말이 차츰 바뀌어서 이런 종류의 회의에서 아이디어를 내는 것을 말하게 되었다.

집단의 효과를 살리고, 아이디어의 연쇄반응을 일으켜 자유분방한 아이디어를 내고자 하는 것이다.

처음에는 제한된 사람들만 사용하고 있었는데, 1953년 오스본이 그의 저서 「창의력을 펴라」('Applied Imagination'; Principles and Procedures of Creative Problem Solving)를 출간함으로써 널리 미국에서 사용하게 되었다.

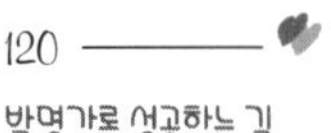
발명가로 성공하는 길

지금까지의 회의도 한 가지 문제에 대하여 몇 사람이 모여 아이디어를 내고 있었다면 회의와 브레인 스토밍은 무엇이 다를까?

여러 가지 다른 점이 있으나, 기본적인 차이는 이 회의에는 네 가지 규칙이 있으며, 그 규칙에 따라 회의를 진행한다는 것이다. 이것이 있기 때문에 보통 회의와는 전혀 다른 분위기와 결과를 낳는 것이다.

1955년 오스본이 주관한 창의적 사고협회는 브레인 스토밍에 경험을 가진 사람들을 모아 여러 가지 토의를 했다. 그 결과 다음 사항이 명백해졌다.

비판하지 않으면 아이디어는 더 많이 나온다.

아이디어는 많으면 많을수록 좋다.

집단으로 아이디어를 내는 쪽이 혼자 하는 것보다 훨씬 생산적이다.

브레인 스토밍은 토의결과에서 명백했던 것과 같이, 아이디어의 수를 비판 없이 집단으로 내는 것이다.

그 규칙이란

① 좋다, 나쁘다의 비판을 절대로 해서는 안 된다.

② 자유분방을 환영한다.

③ 양을 추구한다.

④ 다른 사람의 아이디어의 결합개선을 추구한다 등 네 가지이다.

이 규칙을 토대로 10명 정도의 인원을 모아 어떤 한 가지 문제에 관한 아이디어를 내게 하는 것이다.

이제까지의 회의에서는 비판하는 사람이 많고, 갑론을박의 대논쟁을 하는 사람들이 많았지만, 브레인 스토밍에서는 전혀 그런 일이 없다. 만약 비판하는 사람이 나오면 리더가 그것을 제지하게 되어 있다.

이 방법은 창의적 문제해결 방법으로서 인기를 끌어, 유명 회사에서 채택하게 되었고, 실업계 이외의 대학에서도 이 방법을 가르치는 데가 많아졌다.

오늘날에는 대부분의 대학에 창의력 훈련코스가 만들어져, 브레인 스토밍을 가르치고 있다.

발명가로 성공하는 길

제 4 부

불편한 것은 개선하라

자료를 최대한 모아라

김대중 대통령을 처음 만나는 많은 사람들은, 처음엔 그분의 박식함에 놀라고, 다음엔 서재를 가득 채운 많은 책에 놀란다고 한다. 경제서적에서부터 대중잡지에 이르기까지 그의 서재에는 없는 게 없다고 한다. 김대통령이 자신을 준비된 대통령이라고 자신 있게 주장하는 것도, 바로 이 많은 책과 자료들 덕분이라는 게 많은 사람들의 공통된 의견이다.

또 한 가지, 문제를 추진할 때, 김대통령은 될 수 있는 한 많은 자료를 모으고, 이를 분석해 가장 합리적인 방안을 만들 수 있도록 치밀하게 준비한다고 한다.

바로 이런 점들이 김대통령의 오늘을 만든 것이 아닐까?

그런데 이런 치밀한 준비성은 비단 김대중 대통령에게서만 볼 수 있는 특별한 것은 아닌 것 같다. 이것은 발명사에 이름을 남긴 많은 발명가들을 비롯, 자기 분야에서 성공한 많은 사람들에게서 공통적으로 찾아볼 수 있는 조건이다.

특히 새로운 아이디어를 만들고, 이것을 상품화하는 모험을 시도하는 사람이라면, 이는 당연히 지녀야 하는 덕목 중의 하나이다.

아이디어를 개발할 때는 우선 아이디어와 관련된 자료를 될 수 있는 한 많이 모으는 것이 중요하다. 마치 김대중 대통령이 긴박한 경제문제에 대응하기 위해, 경제 관련 서적을 밤새워 읽고 경제전문가를 만나 오랜 시간 이야기하는 것처럼 말이다. 이것은 그만큼 실패의 확률을 줄여 주는 역할을 한다.

음료수 병에 쓰이는 왕관모양의 병뚜껑을 만들어 세계적 갑부가 된 페인타 부부가 발명을 하기 위해 제일 먼저 한 일은 온 세계의 병뚜껑을 모으는 일이었다.

"다른 나라에선 어떤 병뚜껑을 쓰고 있는지 알아보자. 그것들의 장단점을 분석해서 그 문제점을 개선하면, 분명 새로운 아

발명가로 성공하는 길

이디어가 탄생할 거야."

　그들이 모은 병뚜껑은 무려 3000여 개. 페인타 부부는 3000여 개에 달하는 병뚜껑을 일일이 분석하고 그 결과를 기록했다. 그리고 이 자료를 바탕으로 새로운 병뚜껑의 기초를 만들 수 있었다. 이렇게 탄생한 왕관뚜껑은 당연히 많은 사람의 주목을 받았다.

　또 골프티를 개발해 그린에서 흙무덤을 몰아낸 그란트는 골프티를 만들기 위해 골프의 기원에서부터 각 나라의 골프 치는 법까지 모두 조사했다. 골프티를 만들기에 적합한 것으로 생각되는 모든 재료를 실험대상으로 삼았음은 물론이고, 틈만 나면 도서관에 틀어박혀 다른 스포츠용품의 특징에 대한 자료를 수집하기도 했다.

　발명왕 에디슨도 백열전구를 만들기 위해 대나무에서부터, 값비싼 금은장식 등 무려 6000 가지의 재료들을 일일이 수집, 실험했다.

　가능한 한 많은 자료를 모으고, 이것을 자신의 것으로 만들도록 하자. 인터넷을 통해 세계의 변화를 읽거나, 잡지나 신문의 기사를 스크랩하고, 수첩을 들고 다니면서 관심 있는 분야에 대한 정보를 기록하는 것도 좋은 방법이다. 이미 세상에 나온 아이디어들을 다시 점검하고 분석하는 것은 자신의 아이디어 세계를 넓히는 좋은 양식이기도 하다.

주의 깊게 살펴보라

"왜 이렇게 될까? 이렇게 하면 어떻게 될까? 저것은 무엇일까?"

역사 이래 많은 철학자들이 자연현상을 보며 이런 질문을 던져 왔다. 작은 것에도 흥미를 갖고 관찰하고, 추리하고…….

인류 역사에 수없이 등장하는 철학자들이 과학자이자 발명가이기도 했다.

인간의 뛰어난 생각은 바로 사물을 깊이 살피는 데서부터 시작된다. 관찰을 통해 생각할 거리를 얻고, 새로운 사실을 발견하고, 문제를 해결한다.

깊은 관찰이란 아무런 생각 없이 막연한 상태에서 그냥 보는 것이 아니라 특별한 눈이 필요하다. 똑같은 내용을 보더라도 문제를 달리 해석하거나, 달리 해결하는 것은 시각이 다르기 때문이다.

이 특별한 시각이란 관찰하고 있는 대상을 무심히 보지 않고, 문제 의식과 관점을 가지고 자세히 파고 들어 사물을 보는 힘을 말한다.

발명가로 성공하는 길

　관찰하는 힘은 제기된 문제의식을 가지고 문제를 해결하고
자 하는 생각 속에서, 사물을 깊이 살피는 데 따라 이루어진다.
　우리는 사물이나 현상 또는 환경 등이 변하는 사례나 문제
를 보고, 그것들이 변화하는 모습이나 일의 흐름을 주의 깊게 살
펴봄으로써 관찰능력인 힘을 키우는 데 주력해야 한다.
　인간을 둘러싼 자연환경 속에는 예나 지금이나 탐구해야 할
과제가 수없이 많고, 또 앞으로의 과학발전이나 발명에 도움이
될 현상도 계속 발생되고 있어, 주의 깊게 살펴보고 관찰하면 얼
마든지 많은 발명을 할 수 있다.
　그렇기 때문에 자연을 발명의 보물창고라 하고, 특허법에는
"발명이라 함은 자연법칙을 이용한 기술적 사상의 창작으로서

제 4 부 불편한 것은 개선하라

고도한 것을 말한다"라고 정의하고 있다.

페니실린의 발명으로 인간의 평균수명을 10년이나 연장시킨 플레밍의 업적은 자연현상의 관찰에서 비롯되었다. 플레밍은 구균의 순수배양 연구에 골몰하던 중 항온기 안의 유리접시에 구균과 다른 '콜로니'를 발견한다. 그런데 이 콜로니 주위에는 구균이 한결같이 녹아 있었다.

"이 푸른 곰팡이는 구균을 사멸시키는 성분을 분비하고 있는 것이 분명하다."

보통 무심히 넘겨 버리기 쉬운 자연현상을 플레밍의 눈과 예감은 정확히 짚어냈고, 이로써 사망률 1위였던 폐렴으로부터 유아를 살려내고, 또 화농균을 구축하는 페니실린을 발명했다.

푸른 곰팡이를 이용하는 지혜는 우리 조상들의 생활에서도 많이 찾아볼 수 있다.

예를 들면 표구사에서 사용하는 풀은 썩지 않는다는 것이다. 이는 풀을 만들어 며칠간 공기 속에 방치하여 표면에 곰팡이가 많이 발생하도록 한 다음 표면의 곰팡이를 제거하면 그 풀은 썩지 않는다는 것이다. 얼마나 지혜로운 비법인가?

자연의 현상을 슬기롭게 이용한 선조들의 지혜를 이어받는 마음으로, 그 속에 담긴 발명의 정신을 본받아 관찰하는 힘을 기르자.

발명가로 성공하는 길

더 크게, 혹은 더 작게 해 보라

일상생활에 필요한 물건을 크게 만들어 더 쓸모 있게 하거나, 좀더 작게 만들어서 사용이 편리하게 하는 것도 발명 기법 중의 하나이다.

크게 확대하면? 무엇인가를 더하면? 좀더 시간을 걸리게 하면? 횟수를 늘리면? 길게 하면? 다른 가치를 부여하면? 서로 겹치게 하면? 등등 모두 크게 하는 개념이 앞을 서니 무엇이든지 크게 해 보는 것도 발명가가 되는 지름길일 것이다.

최근에 유행하는 세제를 보면 그 세척효과를 2~3배 늘린 절약형이다. 효과를 2배 이상으로 높인 것은 세제뿐만 아니라, 식초나 화학조미료, 다이어트식품 등이 있다.

축소의 개념 또한 매우 광범위하다.

크기를 줄이면? 압축하면? 더 얇게 하면? 무엇인가를 제거하면? 낮게 하면? 가볍게 하면? 분할하면? 짧게 하면? 등등 수없이 많다.

소형차가 보급되어 많은 사람들의 호응을 얻음으로써 중형차만을 선호하던 사람들의 경향도 차츰 바뀌고 있다.

핸드폰, 라디오는 더욱더 작아지고, 텔레비전도 10㎝의 휴대용이 등장했다.

인스턴트 식품 또한 '작게 하면'의 아이디어에서 비롯된 것이다. 바쁜 현대인을 위해 조리시간을 짧게 단축시킨 것이다.

접는 우산이나, 접는 책상, 접는 레저 테이블, 접는 의자 등도 '작게'의 아이디어에서 나온 것이다.

더 축소한다는 것은 일을 처리하는 과정이나, 물건을 만드는 작업에 있어서도 흔히 쓸 수 있는 단순화와 시간 절약, 또는 자동화로 이어지기도 한다.

축소해서 훨씬 편리하고, 인기가 높아진 발명품 중에 시계,

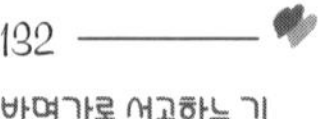

발명가로 성공하는 길

여행용 화장품세트, 그리고 접으면 아이들 주먹만한 크기로 줄어드는 비옷, 여행용 삽, 나이프 등이 있다. 학생 문구용품 중에도 펀치, 가위, 전자계산기, 심지어 안경까지도 소형화되어 인기를 끌고 있다.

대형 슈퍼나 백화점에서 식품, 야채, 생선, 수박 등 과일까지 작은 단위로 포장하여 팔고 있다. 이 또한 '작게'의 아이디어에서 온 것으로 주부들에게 매우 좋은 반응을 얻고 있다.

커서 좋은 것 중에, 대형 냉장고가 주부들의 인기를 얻는 것은, 가을에 담근 김장 김치, 고추가루 등 보관이 어려운 것들을 냉동실에 소포장으로 저장했다가, 이듬해 여름까지 신선한 식품을 먹을 수 있어 '별미'를 맛보게 해 주기 때문일 것이다.

주위를 둘러보면 곳곳에 좀더 크게, 혹은 좀더 작게 하면 좋을 제품들이 있다.

눈을 크게 뜨고 보자.

제 4 부 불편한 것은 개선하라

기능의 또 다른 용도를 찾아라

어떤 물건이든 나름대로의 기능과 특성이 있다. 그 기능과 특성을 살려 조합한 후, 다른 곳에 전용하는 방법도 생각해 보자. 틀림없이 새로운 기능의 또 다른 물건을 고안해 낼 수 있을 것이다.

인간이 시도하는 창조란 없는 것에서 있는 것을 만들어 내는, 무에서 유를 창조하는 것이 아니다. 유에서 새로운 유를 만들어 내는 것이다.

나무와 끈은 어디서나 쉽게 볼 수 있는 재료이다. 그러나 이것들을 각자 사용해서는 효과적인 사냥도구가 될 수 없다. 하지만 두 가지를 조합하면 아주 놀라운 무기로 변신할 수 있다.

"아하! 활을 말하는구나."

많은 사람들이 이렇게 말하며 무릎을 탁 칠 것이다. 새로운 물건을 만들어 내는 것은 바로 이와 같다.

돌과 끈을 결합해도 훌륭한 무기가 된다. 연필과 지우개를 합하여 새로운 연필을 만들었고, 종이와 스프링이 만나서 편리하게 쓸 수 있는 공책이 탄생했다. 신발끈 대신 사용하려 했던 지퍼를 옷에 달아서 새로운 옷이 되었고, 가방에 이용하여 편리한 기능을 더했다. 이런 예를 열거하다 보면 창조란 그리 어렵고 복잡한 일만은 아니라는 느낌이 들 것이다.

실지로 앞에 나열한 예들도 어느 특정한 발명가에 의해 이루어진 것이 아니라, 아주 평범한 사람들에 의해서 만들어진 것이다.

자동차가 늘어나면서 충돌사고는 계속해서 늘어만 가고 있다.

"교통사고를 줄일 수 있는 방법은 없을까?"

많은 사람들이 이 문제로 고민을 했지만 달리 뾰족한 수를 찾아내지 못했다. 그런데 어떤 사람이 자동차의 충돌사고를 미연에 방지할 수 있는 안전장치를 만들어냈다.

이것은 자동차가 달리고 있는 중에 주변을 달리던 차가 이상하게 접근했을 경우, 전기적으로 감지하여 제어처리장치에 연결시켜서 감지하는 방법이다.

이 안전장치는 차량 앞부분의 좌우 양쪽에 설치한 거리측정장치로서, 이 장치로부터 발사된 측정파가 앞부분에서 교차하고, 이것이 주행속도에 따라 변동하도록 되어 있다.

예를 들어, 이 교차부분에 무엇인가 장애물이 들어오면 교차점이 소멸하고, 그 때의 교란에 의하여 이상한 일이 일어나고 있다는 것을 감지하게 된다.

측정파로는 광선, 음파, 전파, 전자파 등을 사용하며, 이 측정파 발생장치를 속도제어 처리장치에 연결시키는 것으로서 이들의 장치는 어느 것이나 널리 알려져 있는 구조로 그 기능의

특징을 살린 것이다.

즉, 차의 앞에 물체가 접근하여 이들의 교차점에 다다르면 교차점 부분이 허물어져 없어지며, 이 때 경보를 낸다. 이 이상 경보 신호를 이용하여 제어장치를 작동시켜 경보음 발생, 연료 공급의 정지, 브레이크 작동 등 일련의 감속기능이 자동적으로 작동하는 것이다.

이로써 자동차는 안심하고 주행할 수 있으며, 충돌사고를 사전에 방지할 수 있다고 한다.

이런 기능은 다른 곳에 얼마든지 전용할 수 있을 것이다. 바로 이와 같이 사물의 기능과 특성을 살려 조합하고, 전용하면 새로운 고안이 된다.

　하지만 아무렇게나 결합시키고, 전용한다고 모두 발명품이
되는 것은 아니다. 반드시 어떤 쓸모를 지녀야 한다. 창조란 절
대적으로 가치를 지닌 것을 대상으로 하는 말이다. 그러므로 창
조물이 가치를 갖기 위해서 필요한 관련성을 찾아 내는 일은 매
우 중요하다.

　사물의 특성과 기능을 파악하고 그들간의 관련성을 따지는
훈련을 계속하라. 그러다 보면 어느덧 새로운 기능을 찾아내는
방법을 터득하게 되어, 훌륭한 발명품을 탄생시킬 수 있게 될 것
이다.

여러 갈래로 생각해 보라

　쓰면 쓸수록 좋아지는 것이 사람의 머리다. 많은 사람을 만나 이야기 해 보거나 책을 읽게 되면, 곧 새로운 지식이 쌓인다는 것을 느낄 수 있을 것이다. 그런 다음 생각을 많이, 여러 갈래로 하다보면 그 속에서 아이디어들이 떠오를 것이다.
　발명을 하는 데는 유연한 생각이 필요하고, 다양한 발상을 습관화하는 것이 중요하다.
　일본의 야마시타는 여행을 좋아했는데 어느 날, 산 속에서 길을 잃고 헤매게 되었다. 배낭을 뒤졌으나 나침반은 찾을 수가 없었고, 가진 것은 허리에 찬 물통 하나가 전부였다.
　할 수 없이 밤을 새우기로 하고, 물통 뚜껑을 열었다.
　'앞으로도 나처럼 산 속에서 길을 잃고 헤메는 사람이 생길 거야. 그 때 도움을 줄 수 있는 방법이 없을까?'
　이런 생각를 하며, 물을 마시던 야마시타는 문득 물통 뚜껑을 집어 들었다.
　'등산을 하려면 물통은 꼭 필요해서 챙기는 물건이야. 방향을 찾기 위해서는 나침반이 필요하지만 곧잘 잊어버리니 만일

물통 뚜껑에 나침반을 붙여 둔다면?'

그는 그 생각을 실천에 옮겨, 물통에다 나침반을 부착시켜 보았다. 결과는 성공이었다. 비록 큰 돈은 벌지 못했지만, 그는 발명가가 되었고 역사 속에 이름을 남겼다.

머리는 활용하면 할수록 지혜를 더해 주고, 아이디어는 황금알을 낳게 한다.

어떤 문제라도 해결책은 여러 가지가 있을 수 있다. 지금까지의 생각보다 좀 더 유연하게 생각해 보는 것, 이것이 바로 여러 갈래의 길을 볼 수 있는 나침반이다.

보험회사의 말단 영업사원이었던 워터맨은 계약자와 보험

제 4 부 불편한 것은 개선하라

계약서를 쓰다가, 잉크 한 방울이 떨어져 계약을 취소하는 쓰라
린 경험을 했다.

당시의 펜촉은 가운데 구멍이 없고, 1자로 갈라 놓은 모양
과 같았기 때문에 잉크가 잘 떨어졌고, 이에 계약자는 불길한 징
조라며 보험계약을 취소한 것이다. 워터맨은 너무나 억울하여
잉크가 떨어지지 않는 펜촉을 발명하기로 결심했다.

그는 가위와 줄을 이용하여 밤낮으로 새로운 모양의 펜촉을
만들었고, 연구하는 동안 버린 펜촉만 해도 1000개가 넘었다.

그 동안 워터맨은 해결방법을 찾느라 여러 가지 궁리를 했
고, 마침내 펜촉 가운데에 작은 구멍을 뚫어 놓아 잉크가 떨어지
지 않도록 했다.

그의 펜촉은 선풍적인 인기를 얻어 미국 전역으로 퍼져 나
갔다.

여러 방면으로 생각하다 보면 길은 있다. 머리를 많이 써
서, 여러 갈래로 유연하게 생각하는 습관을 기르자.

그것이 우리를 발명의 지름길로 안내할 것이다.

발명가로 성공하는 길

여러 가지 방법으로 생각하라

　　사물을 보고 생각하는 데 있어 부드럽고 함축성 있게, 생각의 중심을 수평으로 이동시켜가며 여러 가지 각도로 생각하는 방법이 있다. 이를 수평적인 사고라 한다.

　　이론적인 설명은 제5부에서 하기로 하고 여기서는 사례를 통해 알아본다.

　　날이 무뎌질 경우 '똑' 하고 한 토막을 잘라내면 그림같이 새로운 칼날이 나타나는 '커터'. 이 발명품은 중소기업체였던 '니혼 전사지'의 직원이었던 오모 씨의 발명품이다.

　　오모 씨는 단순하게 전사지를 자르는 직업을 맡은 말단 공원이었다. 전사지를 규격에 따라 알맞은 크기로 자르기 위해서는 칼이 필요했고, 칼날은 쓰면 쓸수록 무뎌지는 특성이 있기 때문에 오모 씨는 번번이 곤욕을 치르기 일쑤였다.

　　"할당량은 넘치는데 칼날은 말을 안 듣고, 어떻게 하면 좋을까?"

　　생각 끝에 오모 씨는 칼날이 무뎌지면 강제로 부러뜨리기 시작했다.

“그래도 무딘 것보다는 일하기가 훨씬 수월한데. 하지만 칼날을 자연스럽게 조금씩 자를 수만 있다면…….”

오모 씨는 생각이 여기에 미치자, 아이디어를 찾느라 골몰했다. 다양한 생각을 하던 어느 날, 우표를 만지작거리다가 무심코 우표와 우표 사이의 바늘구멍에 눈이 갔다.

손에 살짝 힘을 주자 우표는 미리 뚫어져 있던 바늘구멍의 선을 따라 시원스럽게 잘라졌다.

“이거다. 칼날에 일정한 간격으로 자름선을 넣으면 되겠구나.”

결국 회사에서는 오모 씨의 발명을 직무발명으로 채택, 후

한 포상을 내린 후 회사명의 특허출원을 마치고 대량생산에 착수했다.

종이를 자르는 문구용과, 베니어판을 자르는 공업용으로 생산된 이 칼은 잘각잘각 잘라진다 해서 '커터'라는 이름이 붙여졌다.

오모 씨는 칼을 끼우는 칼집과 칼날 자름홈이 패인 꽂이도 개발했다.

커터는 순식간에 세계시장의 80%를 지배하기에 이르렀다.

발명을 하기 위해서 사물을 보고 판단할 때 다양하게 여러 가지 방법으로 생각하면 좋은 아이디어가 탄생한다. 문제의 해결방법은 수없이 많고, 열린 생각은 언제나 지름길을 제시한다는 것을 발명사는 지금도 말하고 있다.

제 4 부 불편한 것은 개선하라

발명 옆의 발명을 찾아라

　　우리 정서에 '모방'이라는 말은 그리 좋은 뜻으로 통하지 않는다. 창조적인 정신이 부족하다는 뜻으로 통하고, 심하게는 간사하다는 느낌마저 든다. 물론 모방이라는 말에 이런 의미가 전혀 없는 것은 아니지만, 그보다 더 많은 창조의 뜻이 숨어 있음을 알아야 한다.

　　"모방하지 못하면 창조도 못한다"는 말이 있듯이, 예로부터 인간의 역사는 모방의 연속이기도 하다. 새로운 것을 보면 그것을 흉내내려 애썼다.

　　한 부족에서 철검을 만들면, 다른 부족에서도 그것과 같은 것을 만들어 내려 했고, 그렇게 이어지는 모방의 연속은 개선하려는 노력과 함께 창조로 이어졌다.

　　실용신안이나 발명 속에, 완전히 독창적인 것은 셀 수 있을 정도다. 아무리 독창적인 아이디어라 할지라도 자연의 법칙을 도외시하여 성립될 수 없기 때문에 공지공인(公知公認)의 원칙, 수속, 기법(技法), 수단 등에 따르거나 그것을 이용하게 되는 것이다.

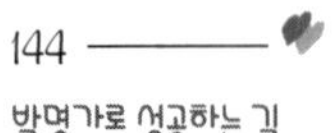

음악의 성인 모차르트는 청년시절의 작곡에, 선배 작곡가의 곡조와 비슷한 것이 많이 있었다고 한다. 선배의 곡을 보고 옮긴 것은 아니겠지만, 선배들의 영향을 받은 것임은 틀림없다. 그러나 이런 행위가 언뜻 보기에는 모방처럼 보여도 얼마 안 가 본인만의 독창성이 나타나는 것이다.

그래서 아이디어를 착안하고 싶을 때 그 아이디어에 직접, 간접으로 관계되는 모든 관련된 통계나 정보자료를 모아야 한다. 장점만을 살려 결합하면 그것만으로도 훌륭하게 독창적인 것이 태어난다.

모방을 말할 때 빼놓을 수 없는 나라가 있다. 바로 일본이다. 일본의 최대기업인 마쓰시타가 '마네시타', 즉 모방기업이라

고 불릴 정도로 흉내내기에 천부적인 자질을 보이고 있다.

마쓰시타의 신제품개발부는 다른 회사제품을 분해해서 알아내는 '분해부'라고 조롱을 당하기도 했다.

그러나 우리가 마쓰시타를 '마네시타'라 부르고, 일본을 산업스파이 왕국이라고 부르는 조롱 속에는 일부 부러움이 섞여 있는 게 사실이다.

"우리가 저것을 만드는 데 10년 걸렸는데, 일본은 단 1주일에 그것을 소화해 냈어!"

"우리 제품을 저렇게도 만들 수 있었네. 세상에!"

이런 찬사가 그들을 경멸하는 말 속에 숨어 있는 것이다.

그렇다고 원숭이 흉내는 금물이다.

조금이라도 빌리는 것이라면, 목적에 맞게 일부를 개선하여 결합의 소재로 삼아야 할 것이다. 새로운 것을 덧붙여, 자신의 것으로 재창조하는 작업을 절대로 잊어서는 안 된다. 일본이 경제대국으로 부상할 수 있었던 비결이 바로 여기에 있다.

발명가로 성공하는 길

발명 위의 발명을 찾아라

"이제 발명되어야 할 것은 모두 발명되었다. 더 이상 발명할 것은 없어. 좀더 일찍 태어났더라면 ……."

약 100년 전, 미국의 특허국장은 사임과 함께 발명시대의 끝을 예고했다. 새로운 발명이 매우 적어진 것을 지적하고, 가능한 것은 이미 모두 발명되었기 때문에 특허국은 문을 닫아야 한다는 것이 그가 사직을 결심한 이유였다.

얼마나 우스꽝스런 이야기인가.

그러나 그로부터 지금까지, 그 이전 모든 발명을 합친 것만큼의 진보가 이루어졌다. 전등, 비행기, 영화, 텔레비전, 자동차, 원자로, 우주선, 컴퓨터 등이 모두 그 뒤의 발명품들이다. 발명은 한 마디로 끝이 없다고 해도 과언이 아니다.

단 한 사람의 천재가 완성해낸 발명은 거의 없다.

발명의 공을 세울 수 있었던 사람은 그 사람에 앞서, 다른 많은 사람이 모아 놓은 지식을 토대로 발명을 하게 된 것이다.

다른 사람이 이전에 눈과 빛과 전기의 연구를 하여 에디슨에게 그것에 관한 지식을 제공해 주지 않았다면, 영화, 기계, 전

제 4 부 불편한 것은 개선하라

등 같은 것들도 발명되지 않았을 것이다.

　에디슨은 책을 읽고, 과학적 보고들을 연구하여 선인들이 발견한 사실을 배웠다. 그리고 그것을 이용하여 새로운 발명을 하기 위해 더욱 정진할 수 있었고, 마침내 여러 가지 새로운 발명을 하게 된 것이다.

　발명은 발명을 낳는다. 그렇기 때문에 새로운 발명에 앞서 우선 주어진 지식에 대한 끊임없는 연구가 필요하다. 책은 이것을 도와줄 수 있는 훌륭한 매개체이다.

　책을 통해 선조의 업적을 재발견하고 그것을 자신의 것으로 소화하자. 그러면 거기에 다른 것이 더해져서 새로운 발명품이 탄생한다.

발명가로 성공하는 길

100년 전에도 그러했듯이, 지금도 세상은 우리들이 알지 못한 것들로 가득 차 있다. 이 모든 것이 가능성의 세계를 나타내 주고 있는 것이다.

과학의 세계에는 언제나 많은 일이 일어나고 있다.

모든 나라와, 세상 사람들은 지식의 창고에 무엇인가를 더 넣기 위하여, 여러 가지 방법으로 노력해 왔고 이 광대한 지식의 창고는 새로운 발견, 새로운 발명을 창조해 나가도록 길을 열어 주고 있다.

눈앞에 열려진 길을 따라 무한한 가능성에 도전할 내일의 주인공은 누구일까?

바로, 당신이다.

제 4 부 불편한 것은 개선하라

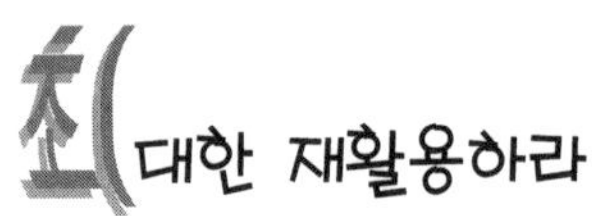# 최대한 재활용하라

최근에는 재활용에 대한 관심이 높아지고 있다.

못쓰게 된 자동차, 세탁기, 냉장고 등을 비롯하여 폐타이어, 건축자재, 가구에 이르기까지 쓰다 버린 물건들로 인하여 지구는 몸살을 앓고 있고, 환경오염도 매우 심각하다.

재활용은 환경보호, 절약 측면에서도 적극적으로 권장해야 할 일이지만 이 폐물을 잘만 이용하면 새로운 개발품이 될 수 있다. 구입할 당시에는 매우 비싼 물건도 시간이 지남에 따라 가치가 떨어진다.

자동차를 생각해 보자.

처음에는 꽤 비싼 값을 치르고 구입해야 하지만, 시간이 지날수록 가격은 떨어지고 어느 정도 지나다 보면 제조연도에 따라 무게나 겨우 인정하는 스크랩(고철) 가격으로 전락하고, 폐차를 할 때는 인수료까지 지불해가며 버려야 한다.

이 폐물을 재활용해보면 어떨까.

학교 운동장의 한 모서리에 묵은 전차를 이용했던 특별 교실을 힌트로 하여, 이번에는 대형버스에 이동교실의 설치를 생각하는 것이다.

대형 버스는 정원이 45명 정도이므로 한 교실의 수용인원과 거의 같은 수이다. 에어컨, 마이크, 연락용 무선 설비 등을 갖추어 놓으면 그대로 사용할 수 있다.

그리고 운전석 뒤쪽에 철판, 슬라이드용 영사막을 설치해 놓고 접는 의자와 책상을 비치하면 훌륭한 교실로 사용할 수 있다.

차 안은 방음장치가 되어 있으므로 창문을 닫으면 밖의 소음이 들리지 않게 되고, 또 차 안의 소리도 밖으로 새어 나가지 않는다.

최근 주택은 비싼 대지 때문에 변두리에 집을 짓는 일이 많다. 그래서 어린이들을 멀리 있는 학교로 보내게 되고, 이에 따른 불편은 여러 가지로 크다. 또한 교실을 건축하는 일도 많은 비용이 들게 되어 간단한 일이 아니다.

이와 같은 입장을 고려하여, 교육설비를 고루 갖춘 이동 교실차를 순회시키며 적당한 장소에서 공부할 수 있도록 한다면 매우 편리하게 될 것이다.

이러한 이동 학습교실은 공한지 등에 주차시키고, 학생들이 주택 가까이에서 학습할 수 있다는 것이 특징이다. 이 이동 학습교실을 특허로 출원하면 교실난에 허덕이는 오늘날의 교육사업이 한결 밝아질 것이 틀림없다.

재활용에 대한 아이디어는 최근 곳곳에서 이용되고 있고, 앞으로 더욱 적극적인 개발이 이루어져야 할 분야다.

음식물 쓰레기를 퇴비로, 못쓰게 된 아스팔트길을 재시공

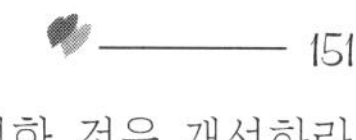

제 4 부 불편한 것은 개선하라

하면서 다시 이용하는 작업, 오래된 가구와 물건들을 공예·미술에 활용하는 것도 빼어난 지혜이다.

하지만 아직도 우리의 생활주변에서 개선을 요하는 부분은 적지 않다.

유치원 어린이들이나, 유아기의 아동들에게 역할 놀이, 장난감을 이용한 상호작용, 또래의 생활습관 교육을 위한 놀이 등에 쓰다 버린 가구, 냉장고, 세탁기 등도 잘만 활용하면 훌륭한 교구·교재가 될 수 있다.

아동들은 좁고, 작은 공간을 좋아하는 습성이 있으므로 조

발명가로 성공하는 길

금만 머리를 쓰면 어린이들에게 이 세상에서 가장 훌륭한 선물을 제공할 수 있는 것이다.

예를 들어 세탁기 양쪽에 구멍을 뚫어 몇 개를 연결하고, 페인트칠을 한 후 밖에는 덩쿨장식, 안에는 꼬마 전구를 달아주어 기어다닐 수 있도록 한다면 훌륭한 동굴이 되어 호기심을 자극할 뿐만 아니라, 근육 발달에 한 몫을 할 것이다.

우리 나라에서 생산되는 완구나, 장난감들은 대부분 튼튼하지 못하여 부서지기 쉽고, 오래가지 못한다.

일본을 비롯한 외국의 경우, 유아교육기관에 비치되는 장난감들은 생활용품 그 자체이거나, 쓰다버린 생필품을 재활용한 용기들이 많다고 한다.

우리 생활 속에서 쓰여지는 각종 생필품들을 분해·조립하고, 있는 그대로 탐사하면서 어린이들의 탐구심을 키워나갈 수 있도록, 재활용품을 현장 교육에 사용하는 방법을 연구해 보는 것도 우리 발명인의 몫이 아닐까?

기존 발명을 보완하라

발명은 또 다른 발명을 낳는다.

모든 발명의 역사를 되짚어 가다보면 한 사람의 힘으로 발명이 완성된 경우는 없다. 어떤 연구든지 이전의 사람들이 발견하고, 또 발명한 것을 토대로 이루어진 것이다.

혹시 "에디슨의 전구는 완벽한 발명품이야. 그 이전에는 어느 누구도 그런 생각을 가진 사람이 없었어!"
라고 반박하는 사람이 있을지도 모른다. 과연 그럴까? 에디슨의 전구는 에디슨 혼자 만들어 냈을까? 그렇다면 전구에 쓰인 유리도 에디슨이 만든 것인가? 빛에 대한 연구, 전기에 대한 연구도 에디슨 스스로 한 것일까?

결코 그렇지 않다는 것을 누구나 잘 알고 있을 것이다.

모든 발명이 이와 마찬가지이다. 여러 가지 기본적인 사실들이 재료가 되어 하나의 발명품으로 다시 만들어지는 것이다.

그러므로 경쟁회사가 훌륭한 신제품을 만들어 특허로 독점하고 있을 때, 그 광경을 그저 보고만 있다면 싱거운 이야기가 되고 만다.

특허관리사가 있는 회사라면, 곧 그 특허공보를 구해서 조사하고 그 특허 주변의 연구를 할 일이다. 하나의 유전이 발견되었다면, 반드시 그 주변에는 석유가 나올 곳이 있거나 더 큰 유전이 있을 수도 있다. 모든 발명의 주변을 살피는 일은 매우 중대한 일이다.

재미있는 예가 있다.

트랜지스터는 미국의 벨사가 개발한 것으로, 그 특허료만 해도 5000명의 연구원을 50년 간 먹일 수 있을 정도의 대발명이다.

이 특허의 범위는 매우 넓어서, 웬만한 것은 모두 그 범위 속에 들어가게 했다. 그렇다면 주변을 살펴도 헛일이라는 생각이 들 것이다.

그러나 아무리 권리의 범위가 넓어도 맹점은 꼭 있게 마련이다. 미국에서는 트랜지스터를 주로 군용에 사용하여, 평화적 이용으로는 귀가 먼 사람의 보청기에 쓰는 정도였다.

그런데 일본의 소니가 그것의 주변개척을 시작하여 새로운 용도로, 라디오에 쓰는 데 성공했다. 그리하여 트랜지스터 라디오는 거꾸로 미국에 역수출된 것이다.

또한 소니의 E씨와 보조연구원은 세계의 학자가 트랜지스터의 정밀도를 높이고자 텐·나인의 고순도 트랜지스터를 구할 때, 그와는 반대로 밀도를 떨어뜨려 스위치작용 하는 것을 찾아냈다. 그것이 에사키다이오드인 것이다.

트랜지스터의 발명가 쇼크레 박사는 다이오드를 '트랜지스터 발명 이래 혁명적인 발명'이라고 격찬했다.

그런데 이번에는 미국에서 이 다이오드의 주변개척을 시작하여, 다이오드를 전자계산기에 이용했더니 계산속도가 1000배나 빨라졌고, 또 그것을 기억장치에 사용하여 30배나 빨리 기억하게 만들어 특허를 냈다.

소자본, 적은 인원, 소설비의 중소기업이라면 남이 손대지 않는 부분인 주변개척을 시작해 볼 일이다.

주변이라고 우습게 보지 말라. 거기 대광맥이 숨어 있을 수도 있다.

발명가로 성공하는 길

불편한 것은 개선하라

　　발명은 이 세상에 없는 새로운 것을 만들어 내는 것만이 아니다. 이미 시중에 나와 있는 생활필수품이나, 산업, 기타 용도로 쓰여지고 있는 것들 중에서 사용하기에 불편한 것은 없는지, 쉽게 망가지거나 복잡한 것들을 찾아내어 개선하고, 편리하게 개량하는 것도 발명이다.

　　이 아이디어는 소재도 많고, 찾기도 쉬워서 초보자나 학생, 그리고 가정주부들에 의해 상품들이 쏟아져 나오고 있다. 시장성도 있고, 상품화하는 것도 유리한 이점이 있으나 발명품은 반드시 기존의 것보다 효과가 높고 진보된 것이어야 한다.

　　미국에 사는 제이미 여사는 남편의 바지를 다리고 있었다. 다음 날 입고 출근할 바지라서, 제이미 여사는 평범한 여느 주부들이 하듯 우선 바지를 펼쳐 놓았다. 그런 다음 바지 위에 천을 덮고, 그 위에 물을 뿌렸다. 다림질을 하고 나니 하얗던 천은 누렇게 변했다.

　　"바지 하나만 다리고 나면 천이 누렇게 타버리니. 그렇다고 천을 덮지 않으면 반질거려서 보기 흉할 테고."

땀을 뻘뻘 흘리며 다림질을 하던 제이미 여사는 입 속으로 투덜거리다가, 문득 머리를 스치는 아이디어 하나를 떠올렸다.

"바로 그거야! 그거라면 해결할 수 있어."

제이미 여사는 400℃의 높은 열에서도 끄떡없이 견뎌내는 뒤퐁의 화학섬유를 생각해 낸 것이다.

그녀는 뒤퐁의 새 섬유로 다리미 덮개를 만들었다. 다리미에 덮개를 씌웠으므로 천을 덮을 필요가 없고, 천을 갈아야 하는 번거로움도 없어 다림질이 여간 편리한 게 아니었다.

서둘러 특허출원을 마친 그녀는 스스로 제품의 덮개를 만들

발명가로 성공하는 길

어 시장에 내놓았다. 인기는 폭발적이었다.

통조림 또한 병조림의 단점을 보완하고, 개선한 제품이다.

주석기술자인 듀란드는 점심 식사 대신 병조림을 즐겨 먹었다. 워낙 자주 병조림을 먹다보니 몇 가지 단점을 발견할 수 있었다.

"병마개가 안전하고, 양초도 병 속으로 들어가지 않고, 가벼우며, 잘 깨지지 않는다면 얼마나 좋을까?"

그는 병조림을 먹을 때마다, 혼자서 이렇게 중얼거리기도 하고, 또 생각에 잠기곤 했다.

그러던 어느 겨울날, 아침부터 주문받은 주석깡통을 만들다가 점심시간이 되자, 듀란드는 병조림을 꺼냈다.

그런데 너무 추운 날씨라, 차가운 병조림을 그냥 먹을 수가 없었다. 궁리 끝에 주변에 널려 있던 깡통에 병조림을 쏟아 붓고 난로에 끓여 보았다.

"와, 맛있다. 그래, 병 대신 깡통을 쓰면 깨질 염려도 없고, 추운 겨울에는 데워 먹을 수도 있으니 훨씬 편리하겠어."

식사를 마치고, 병과 깡통을 치우던 듀란드는 머리에 떠오른 아이디어대로 깡통을 이용하여 통조림을 만들었다.

그 편리함이란 새삼 말하지 않아도 잘 알려져 있을 것이다.

이처럼 생활 속에서 불편하다고 느끼는 점을 그대로 지나치지 않고, 개선하려는 노력이 새로운 발명품을 낳게 한다.

다시 한번 주변을 살펴보자.

제 5 부

성공비결은 수없이 많다

창의적 천재에게서 배워라

천재란 어떤 사람을 말할까?

가장 적극적으로, 창의력을 행사하는 사람을 천재라고 말한다. 만약 우리가 창의적이 되자면, 그들이 어떤 사고방식을 가졌는가를 알고, 그것을 훈련에 의해 길러나가는 것이 필요할 것이다. 그래서 먼저 천재의 특성을 알아보고자 한다.

천재란 문제의 존재에 극히 민감하고, 여러 가지 각도에서 아이디어가 나온다. 또한 분석력, 종합력이 우수하고, 다른 사람의 아이디어를 잘 이용하며 풍부한 경험과 지식을 간직하고 있다.

이스튼 박사는 "창의적 사고가는 무엇인가 새로운 아이디어를 전개하지 않는다. 실은 이미 심중에 있는 아이디어의 새로운 조합을 전개하는 것에 불과하다"고 말하고 있다.

크고 복잡한 문제를 그대로의 형태로 보고 있으면 좀처럼 해결되지 않는다. 그러므로 우선 문제를 몇 가지로 작게 나누고, 그 하나 하나를 해결하면서 전체의 해결로 종합하는 것이다.

마키아벨리는 "분할하여 통치하라"고 말했다. 큰 나라를 전체로서 통치하는 것보다 이것을 작게 몇 개로 나누어 그 각각을 통치하면서 전체를 통치하는 쪽이 쉽다는 것을 말한 것이다.

발명에 있어서도 마찬가지이다. 분석하면 아이디어는 나오기 쉬우며, 생각하는 데 빠짐이 없고, 많은 양이 나오게 된다.

분석이란 '큰 것을 작은 것으로 나눈다'라는 두뇌의 작용이다. 이것은 창의력과는 전혀 다른 기능이다.

그러나 데카르트는 "분석이라는 것을 모르는 사람은 보물을 찾을 때 어디엔가 보물이 떨어져 있지 않은가 하고 전국을 돌아

발명가로 성공하는 길

다니며 찾는 사람과 같다"고 하며, 분석적 사고방식의 효용을 강조하고 있다.

종합은 분석의 반대로 "주워 모은다"라는 작용이다. 이것은 분석보다 어렵다. 조합은 대단히 많은 가능성을 생각할 수 있을 뿐 아니라, 상상력이 필요하기 때문이다.

창의적 사고 속의 종합은 연상의 작용이 크게 활용된다.

자유분방한 아이디어를 강력한 연상의 작용으로 짜내면 상식의 테두리에 묶이지 않는 비약된 아이디어가 나올 때가 많다.

창의는 과거의 경험, 지식의 분해결과이다. 분해는 분석력이 하고, 결합은 종합력의 작용에 의한다. 천재는 바로 그런 분석력과 결합력에 뛰어나 있다.

발명가는 바로 분석력과 결합력을 배워야 할 것이다.

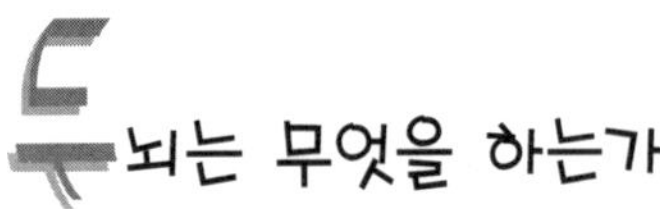# 뇌는 무엇을 하는가

오랜 세월, 우리의 조상들은 자연이나 인간과 싸우면서 여러 가지 경험을 통해 많은 지식을 축적해 왔다. 그 지식은 정리되어 학문이라는 체계를 세웠고, 학문을 가르치기 위하여 학교가 생겼다.

그때부터 교사는 과거의 지식을 전하는 데 바쁘고, 학생들은 그것을 받아들이는 데 힘을 써야 했다. 받아들여진 지식은 곧 두뇌 속에 저장되어, 사물을 느끼고 생각하는 능력을 갖게 하는데 그것이 곧 정신력이다.

우리가 가지고 있는 정신력은 학습과 사고(思考)를 통해 발달한다. 학습(學習)에는 사물을 관찰하고, 주의(注意)를 집중하게 하는 흡수력(吸收力)과 기억력이 있어, 기억하고 생각하게 한다.

사고에는 추리력과 창의력이 있는데, 추리력은 사물을 분석하고 판단하는 힘이라고 창의력은 아이디어를 떠오르게 한다.

우리의 두뇌 속에서 어떤 문제가 창의력, 혹은 추리력에 의해 어떻게 해결되어지는지를 살펴보자.

먼저 추리적인 문제라면 문제가 나오는 형태도 문제 그 자체가 명백하여 해결방법 또한 사실의 분석, 판단이나 수학, 실험 등 이치적으로 답을 낼 수 있고, 답은 하나이며 그것만이 정답이다.

그러나 창의적 문제는 "곤란하다. 어떻게 할까?"라는 형태로 나오는 것이 많고, 진짜 문제의 주소가 애매하여 해결방법도 창의력이 필요하며, 아이디어의 형태로 툭 튀어나오기 때문에 답이 많아 어느 것이 옳다고 말할 수 없다.

아이디어는 바로 창의력에 의해, 창의적 문제해결 방법으로 튀어나오는 정신력의 작품이다.

오늘날 아무리 기계가 여러 가지로 발달되어 있다 해도 새로운 아이디어를 낼 수 있는 기계는 없다. 오직 사람의 두뇌의 작용에 의해서만 새로운 창안이나 연구를 할 수 있는 것이다.

그러므로 앞으로의 교육은, 새로운 문제에 부딪쳐도 그것을

제 5 부 성공비결은 수없이 많다

척척 해결해 가는 잘 돌아가는 두뇌를 육성하지 않으면 안 된다. 그저 매사를 논리적으로 생각하고, 일정한 테두리 속에서 판단하거나 결론짓는 것만으로는 한발짝도 전진할 수 없을 것이다.

사람의 두뇌를 오직 기억의 창고로 삼거나, 기계가 할 수 있는 것, 오히려 기계가 사람보다 훨씬 더 잘할 수 있는 것을 사람에게 시킨다는 것은 인간을 소홀히 하는 것이다.

사람은 기계나 오토메이션으로 할 수 없는 것에 전념해야 한다. 그것은 과거를 기억하는 것도, 계산하는 것도 아니다.

정말로 새로운 아이디어를 만들어 내는 바로 그것이다.

발명가로 성공하는 길

왼쪽도 사용하라

오른쪽 뇌는 좌반신을 담당하고 있다. 그래서 왼손이나 왼발을 자극하면 오른쪽 뇌에 자극을 줄 수 있다.

그렇다고 왼손이나, 왼발을 사용하면 즉시 창조력이 풍부하게 된다는 뜻은 아니다. 그것은 어디까지나 오른쪽 뇌에 주어지는 자극을 말하는 것이며, 발명 활성화의 시작이라고 생각하면 된다.

예를 들어 시내버스 안에서 왼손으로 손잡이를 잡는다. 가방을 왼손으로 들고 걷는다. 야구공을 왼손으로 던지거나, 농구공을 왼손에 들고 드리블 해 보고, 축구공을 왼발로 찬다. 왼손으로 이를 닦아 본다.

오른손잡이인 사람은 무의식 중에라도 오른손을 사용하게 되는데, 이러한 것들도 의식적으로 왼손을 사용하거나, 왼발을 사용한다. 이러한 것들이 오른쪽 뇌에 상당한 자극을 주게 될 것이다.

오른쪽 뇌, 왼쪽 뇌의 균형을 한층 더 얻은 사람이 되기 원한다면 양손을 사용하는 것이 좋을 것이다. 글씨를 쓸 경우에도

왼손 오른손 모두 손색이 없을 정도로 쓰면 유효한 자극이 된다는 사실은 확실하다.

또한 좌반신의 감각기능도 오른쪽 뇌가 담당하고 있다. 오른손잡이인 사람은 우반신의 촉각이 민감하기 때문에 무언가에 손을 댈 때 오른손이 먼저 나와버린다.

그러나 의도적으로 왼손을 사용하면 역시 자극이 된다.

목욕물이 데워진 정도를 왼손으로 확인한다. 옷이나, 도자기 등 촉감이 좋은 것은 왼손으로 만져본다.

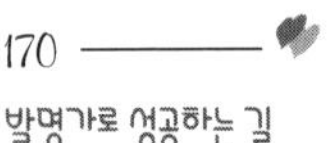

청각도 왼쪽 귀는 오른쪽 뇌에 통하고 있다. 그러므로 음악을 들을 때도 왼쪽 귀로 듣는 것이 좋다.

시각은 한쪽 눈으로 보아도, 양쪽 뇌에 모두 전해지기 때문에 자극은 안 되지만 시야는 좌우로 나눌 수 있다. 정면에 어떤 물체를 놓고, 그대로 눈을 움직이지 말고 좌측에 어렴풋이 비치는 것을 의식해 본다.

성장과정 중에도, 어려서부터 놀이를 통해 왼손, 왼발의 훈련을 계속한다면 오른쪽 뇌의 자극에 매우 높은 효과를 발휘할 수 있을 것이다.

U턴 사고법을 활용하라

U턴 사고법은 일본의 발명학회 회장인 도요자와 도요오가 고안해낸 방법이다.

예를 들면 어떤 사고가 발생했을 때 "어떻게 하면 이런 일이 일어나지 않을까?"라고 U턴 식으로 생각하면, 거기에서 문제해결책이 발생하게 된다는 사고법이다.

가령 고무장갑을 끼고 설거지를 하다가 그릇이 미끄러져 깨졌을 경우이다.

"에잇! 이 고무장갑이 왜 이렇게 미끄러워?"
하고 탓하며 화를 내기 일쑤인데, 생각을 바꾸어

"이 고무장갑이 미끄럽지 않게 하려면 어떻게 하면 좋을까?"
라고 생각하여 문제의식 속에서 방법을 찾아가는 발상이 바로 U턴식 사고법이라 할 수 있다.

이 U턴 사고법으로 성공을 거둔 한 예를 소개한다.

볼펜을 많이 사용하던 시절, 호주머니에 넣어 둔 볼펜 뚜껑이 자기도 모르는 사이에 빠져나가서 셔츠나 교복을 더럽히고 말았다.

"에잇! 이 볼펜 때문에 교복이 엉망이 되었잖아! 어제 빨았는데."

이렇게 말하며 화를 내는 것이 보통 사람들의 경우였다. 그런데, "볼펜 때문에 셔츠나 교복이 더러워지지 않게 하려면 어떻게 하면 좋을까?"라고 생각하여 새로운 발상이 생겨났다.

그 후, "아예 볼펜의 뚜껑을 없애고 필요한 때만 펜끝이 나오도록 하면 좋겠다"라고 생각하여 만들어진 것이 바로 지금의 뚜껑 없는 볼펜이다.

U턴식 사고를 하려면, 우선 아이디어는 쉽다고 매일 자신에게 타이르는 것이 좋다. 그러면 그것이 자신에게 암시가 되어서 아이디어를 내놓을 수 있게 된다.

전에는 "필요는 발명의 어머니"라는 느긋한 마음으로 아이디어를 생각했지만 모든 리듬이 빨라진 요즘에는 "에잇! 한 번 해

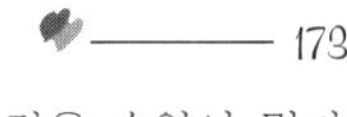 ———— 173

보자"라는 각오로 실행에 들어가야 돈의 황금알을 낳을 수 있게
된다.

　우매하고, 미흡한 아이디어라도 일단 많은 양의 아이디어를
내놓는 것이 좋다. 많으면 한두 가지쯤 명안이 있을 수 있기 때
문이다.

　매일 생각하는 시간을 갖는 것 또한 중요하다. 화장실, 혹
은 통학 버스, 열차 안에서도 항상 생각하는 버릇을 들이면 한달
에 서너 개 정도의 훌륭한 아이디어를 만들어 낼 수 있다.

　아이디어가 나오면 이를 정리하여, 일단 특허청에 출원을
하는 것이 좋다. 그것을 그대로 두면 개인이나 회사에 이익이 되
지 않기 때문이다.

　특허청에서 서면으로 출원번호를 받게 되면 그 기분은 말로
표현하기 어려울 정도로 고조될 것이며, 해본 사람만이 그것을
알게 될 것이다.

발명가로 성공하는 길

시네틱스법을 활용하라

시네틱스(Synectics)란 아무런 관련이 없는 것 같은 다른 요소를 결부·결합시켜 본다는 뜻으로, 어떤 유사성이 있는지 추리하거나 추측하게 되므로 유비 또는 유추라고 한다.

결국 시네틱스법은 유추에 의한 강제연상법이며, 유비에는 의인적·직접적·상징적·공간적 유비 등 네 가지가 있다.

의인적 유비란 해결하려는 문제나 현상에 대하여, 해결하려는 사람 자신이 그 문제나 현상에 융합해버리는 상태가 되는 것을 말한다.

예를 들면 어린이들이 로봇이나, 비행기의 흉내를 내는 것을 볼 수 있는데 이것을 의인적 유비의 원시적 형태라고 할 수 있을 것이다.

직접적 유비란 창조 개발하려는 물건과 다른 한 대상을 선택하여 두 대상을 직접 비교시켜 검토하는 것을 말한다.

예를 들면, 우산을 통하여 낙하산의 원리를, 섬세한 고막이 두꺼운 귓뼈를 진동시키는 현상을 이용하여 전화기의 원리를 유추하는 것을 말한다.

아인슈타인은 이를 '종합놀이'라 하고, '창조적 사고의 본질적 특색'이라 하였다.

상징적 유비란 순간적·충동적으로 떠오르는 사물에 대한 인상인 심상을 이용하여 문제의 본질을 해명하려는 것이다.

예를 들면, 나무들이 마찰에 의해 불이 발생한다는 생각이 퍼뜩 떠올라 라이터의 원리를 순간적으로 생각해내는 것을 들 수 있다.

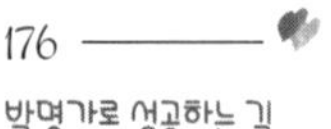

공간적 유비란 공상이나 꿈을 현실과 결부시켜 문제해결의 기발한 아이디어를 얻게 되는 경우이다.

예를 들면 마법의 카페트를 타고 하늘을 날아다니는 것으로 표현한 것은 인간의 욕심으로서 꿈이며 공상이었다. 그러나 그것을 비행기나 우주선이라는 현실로 연결하여 실현시킨 것이다.

이와 같이 시네틱스법은 서로 다른 요소를 결부시키는 강제 연상 기법으로 단계적 절차를 간단히 소개하면, 문제해결의 단서는

1. 문제의 요소를 분석하여 핵심을 파악하고,
2. 유비를 통하여 아이디어를 획득하며,
3. 여러 각도에서 비교 검토하여 아이디어를 선택하고,
4. 새로운 관점을 얻어 실천에 옮기는 것이다.

1 든법을 활용하라

이 지구상에 똑같은 사람이 없듯이, 똑같은 물건 또한 존재하지 않는다. 같은 제조공정에서, 같은 재료로, 같은 작업자가 만든 제품이라 할지라도 엄밀한 의미에서는 똑같다고 할 수 없다. 우리들이 그것을 같다고 생각하는 것은 세밀한 차이를 버리고, 공통된 특성을 끌어냈을 뿐이다. 이것을 추상(抽象)이라 한다.

가령 어떤 제품을 '캐러멜'이라고 부른다. 어떤 1개의 캐러멜과 다른 1개의 캐러멜을 비교해 보면, 여러 가지 점에서 다른데가 있다. 엄밀히 보면 크기도 다를 것이다. 설탕의 함유량도 세밀하게 보면 다른 것이다. 한쪽은 가장자리가 둥글다든가 하여 모두 다르다.

그러나 그런 세밀한 것은 버리고, 같은 것으로서 캐러멜이라 추상한 것이다. 그러므로, 캐러멜이란 말은 추상단계로서는 아래 단계인 것이다. 이것을 한 단계 더 추상하면 엿이 된다.

여러 가지 엿이 있는데, 그 캐러멜의 여러 특성을 버리고 생각해 보면, 캐러멜도 엿에 속한다. 또 추상하여 일단 위로 올라가 특성을 더 버리게 되면 과자가 되고, 식물이 된다.

발명가로 성공하는 길

　식물의 단계까지 올라가면 캐러멜이 갖는 특성은 거의 없어지고 얼마 남지 않게 된다. 이와 같이 추상에는 단계가 있어 특성을 없앰에 따라 보다 높은 레벨의 추상으로 전진할 수 있다.

　보스톤 윌리암 고든은 신제품 개발의 아이디어를 낼 때에, 이 추상적인 사고방식을 이용하는 것을 생각했다. 신제품이란 지금까지는 없었던 것일 텐데, 구체적인 것을 토대로 하여 신제품의 아이디어를 내게 한다면 아무래도 먼저 물건에 사로잡혀 버린다.

　토스터의 신제품을 생각할 경우, 토스터를 눈앞에 놓으면 확실히 아이디어는 나오지만 기본적인 아이디어는 나오기 어렵다. 그래서 문제로서 추상적인 문제, 즉 "굽다"라는 방법으로 낸다. 이런 문제를 내면, 토스터에 구애되지 않고 전혀 다른 각도에서의 아이디어가 나올 수 있다.

　방법은 브레인 스토밍과 비슷한 점이 많으나 문제를 내는 방법에 큰 특색이 있다. 추상의 단계를 올라 넓은 문제를 내면, 생각하는 사람의 사고는 폭넓게 퍼져 구체적인 문제를 생각할 경우에는 도저히 예상도 못했던 아이디어가 나온다.

제 5 부 성공비결은 수없이 많다

집점법을 활용하라

집점법(集點法)은 강제연상의 작용을 이용하여 아이디어를 창조하는 기법이다.

집점법은 최후에 도달할 결론, 즉 어느 것을 선택해서 출발하든 도달점에 집점(集點)을 맞추기 때문에 집점법이라고 한다. 이 방법은 광고선전이나, 상담, 사람을 설득하는 데에 적합하다.

광고선전의 예를 들면 출발점은 되도록 사람이 주목하는 것, 흥미를 끄는 것이 좋다.

예컨대 도달점을 '저축'으로 하여 저축에 대한 선전을 하려고 한다. 즉 출발점에 강풍(强風)을 선택했다고 가정하자. 우선 강풍을 출발점으로 자유연상을 한다. 자유연상에서 나온 것이 한번에 도달점에 연결된다면 그대로 연결해 버리면 되지만 연결이 안 되는 것은 도달점을 염두에 두고 강제연상으로 쇠사슬을 편다. 몇 가지 스텝을 넣어 전부를 연결하고, 그 중에서 채택되는 것을 선택하면 된다.

이 과정의 예를 들면, 강풍(출발점)에 여름 → 녹음 → 잎이 무성하다 → 돈이 많아진다 → 그러므로 저축(도달점)하자.

출발점과 도달점 사이에 강제연상의 과정을 살펴보면 얼마든지 나올 수 있다. 예를 들어 바람 → 종이가 날아간다 → 돈이 없어진다.

홍수 → 제방을 쌓는다 → 걱정을 던다.

가을 → 낙엽 → 인생의 황혼 등등

즉, 출발점에서 강제연상의 과정을 거쳐 도달점에 이르도록 보충설명을 하면, 강풍에 홍수가 나서 제방을 쌓으므로 걱정을 덜게 하는 것이 저축이다. 또, 도달점에서 거꾸로 자유로이 연상의 쇠사슬을 펴서, 그 과정에서 재미 있는 것이 나왔을 때 그것을 출발점으로 정하는 방법도 있다. 이것을 만드는 방법으로

서는 자유연상법이지만 완성된 선전문 등을 보면 집점법과 비슷한 형식이 된다.

집점법의 예로 '볼링'과 '넥타이'에 대한 선전문을 살펴보자.

볼링!

젊은이의 스포츠다.

10개의 핀을 볼로 넘어뜨린다.

상쾌한 소리.

폭발하는 것같이 튀는 핀.

300점 만점은 우리 나라에서 1년에 1명이나 2명.

초보자에게 쉽고, 숙련자에게 어려운 실내운동.

10개를 한번에 넘어뜨리는 요령, 그것은 1번과 3번의 핀 사이에 볼이 들어가지 않으면 절대로 안 된다. 즉 1번과 3번이 포인트다.

넥타이!

남자의 옷차림도 모처럼 양복과 구두를 갖추어 때 빼고 광내어도 넥타이가 멋이 없으면 김빠진 맥주. 넥타이는 하나의 포인트다.

△△의 넥타이는 당신의 양복과 얄미울 정도로 조화될 것이다. △△상표가 보증하는 △△의 넥타이.

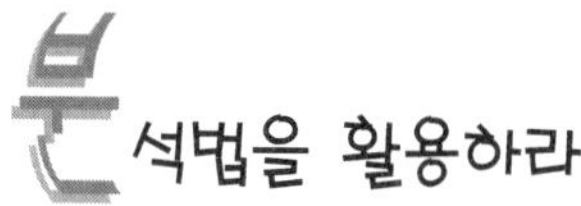
석법을 활용하라

　　사물의 문제점을 발견하기 위해서는 큰 문제를 작게 나누어 보면 된다. 문제는 작아짐에 따라 알기 쉬워지므로 어디에 문제가 있는지 곧 알게 된다.

　　근대과학의 발달은 분석적 사고방식에 의하여 이루어지는 경우가 많다고 한다.

　　"공기 중에서 물건을 떨어뜨린다."

　　이와 같은 현상을 생각할 경우, 전체로써 관찰해 보아도 알기 어렵고 막연해진다. 이것을 공기의 저항, 땅의 자기(磁氣), 다른 천체의 영향 등과 같이 나누어 생각해 보면 일기가 쉬워진다. 이런 분석 없이 근대과학은 있을 수가 없을 것이다.

　　경영관리라는 복잡하고 난해한 문제의 문제점을 발견하는 방법으로서 분석적인 사고방식을 처음으로 도입한 사람은 '과학적 관리법의 아버지'로 불리는 프레데릭 W. 테일러라고 한다. 미국의 경영관리론은 이러한 분석적인 사고방식을 기반으로 육성된 것이다.

　　오늘날 경영개선의 기법으로서 널리 사용되고 있는 것 몇 가지 예를 들어보면 다음과 같은 것들이 있다.

재무상의 문제점 발견의 기법이다. 재무구조의 외부분석과 내부분석으로 나누어 신용분석, 투자분석, 경영분석, 감사분석이 필요하다.

다음으로 시장분석이다. 시장조사에 의하여 시장가능성, 즉 잠재수요를 발견하고자 하는 방법이다. 시장수요를 인구, 욕망, 구매력의 세 가지로 분석하여 생각한다.

다음에는 동작분석, 장표분석이 있다. 인간의 동작을 기본적 요소로, 장표를 구성요소로 나누어 그 중에서 무리·낭비요소를 발견해낸다.

이 밖에 경영관리 분석의 테크닉으로 공정(工程)분석, 사무

분석, 직무분석, 제품분석, 상품분석 등이 있다.

제조의 프로세스, 즉 소재가 완성품으로 흘러가는 과정을 기호 또는 기타 부호에 의해 분석하고, 사무의 흐름을 분해하며, 개인에게 할당된 업무를 세분하여 직무평가나 직무할당의 재료로 삼는다. 제품을 나누어 보고, 제품을 구성하는 부분과 수량·재질 등을 분석한다.

상품에 관한 시장성의 유무를 파악하기 위해 지금의 상품을 형태, 사이즈, 색, 외관, 성능, 내구력, 상표, 포장 등으로 나누어 생각한다. 이러한 테크닉은 모두 복잡하고, 실마리가 없는 문제점을 확실히 파악하기 위한 방법이다.

형태분석법을 활용하라

　형태분석법(形態分析法)이란 캘리포니아 공과대학의 플리츠 스위키 교수가 고안한 것으로 분석적 문제해결의 기법이다.

　신제품, 신기술의 개발이나 제품, 포장의 개량 등 사용범위는 아주 넓다.

　'모폴로지'란 원래의 의미는 형태학이라는 것인데, 가능한 해결책을 형태적으로 파악하고자 하는데, 이 명칭의 유래가 있다.

　형태분석이란 어떤 물건의 특성을 파악하고, 그 변수의 가능성을 정리하여 형태적으로 배열하여 가능한 결합을 빠짐없이 생각해 가는 것이다.

　예를 들면 빨강과 파랑의 두 가지 색에 의한 배합을 생각해 보자. 빨강 파랑의 소변수를 양변에 두고, 각각의 사각을 생각하면 빨강쪽에는 심홍색, 카르멩(carmin), 비색(緋色), 장미색 등과 파랑쪽의 로열블루, 라이트블루, 하늘색, 다크블루 등의 결합을 생각할 수 있다.

　다음으로 밀크의 포장을 생각해 보자.

발명가로 성공하는 길

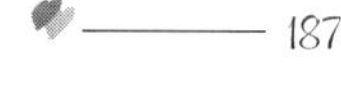

이 경우 생각해야 할 요소는 크기, 재료, 형태이다. 변수가 세 개가 되면 형태는 입방체가 된다.

먼저 크기를 생각하면 갤런, 쿼터, 파운드, 온스 등이 있고, 재료에는 유리, 종이, 금속, 플라스틱, 셀로판 등이 있다. 형태에는 원뿔형, 원통형 등이 있으므로, 이 입방체를 하나하나 검토해 가면 모든 가능성이 빠짐없이 검토될 것이다.

단지 수가 많아지면 쓸모 없는 아이디어까지 검토해야 한다는 결점이 있으므로 가능성이 있는 것만을 배열하여 분석해 보는 것이 좋겠다.

제 5 부 성공비결은 수없이 많다

수평적 사고법을 활용하라

수평적 사고(思考)란 케임브리지 대학의 데브노 박사가 주창하여 퍼뜨린 발상법이다.

과거의 사고법은 수직적 사고로서 논리학과 수학에서 사고 방법을 찾을 수 있으며, 원인과 결과를 결부시켜 생각하는 삼단논법적인 사고이다. 따라서 수직으로만 파고 내려가는 빈틈없는 사고법이므로 그 시작이 옳지 않으면 결과도 올바를 수가 없다. 이것을 정공법이라 하여 학교에서 주로 이러한 방법을 가르치고 있다.

수평적 사고는 하나의 구멍을 뚫더라도 바위에 부딪히면 그쪽에서 뚫는 것을 그만 두고 그 근방의 다른 구멍을 뚫는다는 사고 방법이다. 그래서 수평적 사고는 논리적이거나 수학적, 또는 인과적이지도 않다.

예를 들어 뚱뚱한 여성이 날씬해지기 위해서 어떻게 하면 좋을까?라는 과제를 앞에 두고, 마라톤을 할까? 식사를 줄일까? 섬유질 음식을 먹어야 할까? 하는 등 생리학적인 생각을 하게 되면 이것이 바로 수직적 사고이다.

발명가로 성공하는 길

그러나 수평적 사고에서는 식사하기 한 시간 전에 맥아유를 큰 컵으로 한 컵 먹기를 권한다. 그러면 그 뒤에 식욕이 줄어들어 적게 먹게 되므로 결국 살이 빠지게 된다는 방법이다.

또 백화점에서 엘리베이터를 기다리며 조바심을 치고 있는 사람들을 자주 보게 된다.

"엘리베이터를 하나 더 가동하지!"

"에스컬레이터를 설치했으면 좀 좋아? 왜 빨리 안 내려와!"

이렇게 말한다면, 수직적 사고를 하고 있는 경우이다.

그러나 다른 관점에서 생각하여 "엘리베이터 문 옆에 큰 거울을 달아둘까? 그러면 사람들이 거울에 비친 자기 모습을 보게 되어 표정 관리를 하게 되고, 조바심이 없어질 텐데……"라고 말한다면 거울을 달자는 생각이 바로 수평적 사고이다.

제 5 부 성공비결은 수없이 많다

　따라서 수평적 사고는 논리적이거나, 인과적이지 않은 방법을 말한다.

　기술자가 기술에만 사로 잡혀서 새로운 아이디어를 내놓지 못하는 것은 논리적 수직적 사고가 가져오는 나쁜 단면의 예이다. 그러므로 발명을 하고자 한다면 수평적 사고방법으로 사물을 관찰하고 생각해야 할 것이다.

발명가로 성공하는 길

체크리스트법을 활용하라

창의력을 총동원하여 해결해야 할 문제와 종류는 실로 다양하다. 그것들을 그저 막연하게 생각하기보다, 생각할 수 있는 모든 점을 먼저 조목조목 써놓고 하나씩 대조해 간다. 그렇게 하면 중요한 점을 빠뜨리지 않게 되고, 작업도 쉬워진다.

이 요구에 대응하기 위하여 모든 질문을 설정하고, 하나씩 체크하면서 아이디어를 내고자 하는 것이 바로 체크리스트법, 혹은 설문법(設問法)이라 한다.

그러나 체크리스트에 너무 의지하면, 당면하고 있는 새로운 문제에 필요한 것을 빠뜨릴 우려가 있고, 필요 없는 것까지 체크하거나, 자기 자신의 생각을 하지 않을 우려가 있는 단점을 안고 있다. 그럼에도 불구하고 체크리스트법은 발명에 있어 꼭 필요한 테크닉이다.

오스본의 체크리스트를 인용해 보자.

1. 달리 용도는 없을까? — 현재대로, 약간 바꿔서.
2. 다른 데서 아이디어를 빌릴 수 있을까? — 이것과 비슷한 것은 없는가. 다른 아이디어를 차용할 수 없는가. 과거에

비슷한 것은 없었는가. 무언가 흉내낼 수 있는 것은 없는가.

3. 바꾸면 어떨까? — 새로 생각을 짜내 보면 어떨까. 의미·색·운동·소리·냄새·형태를 바꿔보면 어떨까.

4. 확대하면 어떨까? — 무언가 첨가해 보면. 시간을 더 연장하면, 횟수를 늘리면, 길게 하면, 강하게 하면, 다른 가치를 첨가하면, 이중으로 하면, 대조해 보면, 과장하면, …….

5. 축소하면 어떨까? — 무엇인가 제거하면, 작게 하면, 압축하면, 엷게 하면, 소형으로 하면, 얕게 하면, 짧게 하면, 가볍게 하면, 제거하면, 유선형으로 하면, 분해하면,

줄이면, …….

6. 대용하면 어떨까? — 다른 사람으로 대치하면, 다른 것을 대용하면, 다른 프로세스를 활용하면, 다른 동력으로 하면, 다른 방법으로 하면, 다른 음색으로 하면, …….

7. 바꿔보면 어떨까? — 요소를 바꿔보면, 다른 형태로 하면, 다른 레이아웃으로 하면, 순서를 바꿔보면, 원인과 결과를 바꿔보면, 페이스를 바꾸면, 과정을 바꾸면, …….

8. 거꾸로 하면 어떨까? — 포지티브와 네거티브를 거꾸로 하면, 반대로 하면, 뒤집으면, 상하 거꾸로 하면, 역할을 거꾸로 하면, …….

9. 결합하면 어떨까? — 합금·결합·조립은 어떨까, 유니트를 결합하면, 목적을 결합하면, 아이디어를 결합하면, …….

부 록

나의 인생, 나의 제언

《동아일보 1993. 8. 1, 나의 길》

한 손으로 이룬 「전기장이」 발명왕
발전기에 오른손 잃고도 「기술」 외길 걸어

> 이 글은 1993년 8월에 쓴 관계로 현재 상황과는 다소 다릅
> 니다. 저희 삼화기연(주)는 이후에도 계속 발전하여 크게 성장하
> 였으며, 현재 서울 관악구 남현동 1060-17 유원빌딩에 위치하고
> 있습니다.

나는 판검사가 되고 싶었다. 그러나 집안 형편상 지방대학
공대를 나와 전기기술자가 되었다.

일단 전기의 길에 들어선 이상, 나는 최고의 전기장이가 되
기도 했다. 그것이 나의 아심이며 자존심이있다. 그리고 그것은
끝내 나를 「한국의 발명大家」로 키워 주었다. 나의 발명품만으
로 우리 회사는 1992년 40억 원의 매출액을 냈고, 세계 15개국에
대리점을 두게 됐다.

그 과정에서 나는 젊은 나이에 오른손을 잃었다. 기술에 미
쳐 정신없이 기계를 만지다가 깜빡 실수한 것이었다. 그러나 그
것은 한때의 좌절을 주었을 뿐, 나를 영원히 무릎 꿇게 하지는
못했다. 오히려 그것은 나를 발명의 길에 더욱 몰두하게 만들었

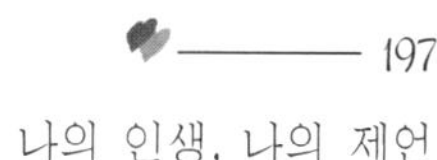

다.

　나는 1935년 전북 완주의 산골에서 태어났다. 생후 1개월 만에 아버지는 익산의 개간지로 이사했다. 이리 명문 남성고등학교에서 나는 수학실력이 좀 두드러졌을 뿐, 전체적으로는 그저 상위 10%선의 성적이었다. 나는 장학금을 받을 수 있다고 생각해서 전북대학교를 지망했다. 그 가운데서도 익산에 캠퍼스가 있어서 하숙을 하지 않아도 되는 공과대학에 응시했다. 전기과에 합격했지만 2학년까지는 고시공부에 매달렸다.

　그러나 3학년에 올라가 학보병으로 1년반 만에 군대에 다녀오자 집안은 기울 대로 기울어 있었다. 가족은 여섯칸 겹집에서 토담집으로 옮겨 살고 있었다. 나는 전공에 열중, 전기과를 특대생으로 졸업하고 석탄공사에 취직했다. 석탄공사가 강원도 영월에 저질탄 발전소를 세우기로 한 것에 끌렸다.

　석 달 동안의 기초훈련을 마치고 강원도 함백광업소에 배치됐다. 성에 차지 않았다. 그러나 나는 필요한 모든 것을 최단시일 내에 배우기로 작정했다.

　대학출신자들은 사무실에서 일하고 싶어했지만 나는 현장근무를 자원했다. 충전배전선로, 모터설비, 유지보수 등을 6개월 동안에 마스터했다.

현장근무 자원

　나는 능력을 인정받아 입사한 지 2년도 안 되어 도계광업소

발명가로 성공하는 길

전기계장으로 승진했다. 취약지구였던 도계의 관내에서는 도처에서 모터가 불타는 사고가 터졌다. 모터를 포함한 수많은 전기설비를 유지보수하면서 4년을 보냈다. 나는 1급 기술자가 되어 있었다. 함백과 도계에서의 현장경험은 오늘날까지도 나의 피와 살이 되고 있다.

그 무렵 월남전의 미군후방지원사업을 벌이고 있던 미국 태평양건설주식회사가 월남파견 기술자를 모집했다. 돈도 벌고 싶었지만 그보다는 세계 최첨단의 기술을 눈동냥이라도 하고 싶어서 응모했다. 예로부터 전쟁이란 그 당시의 가장 발달한 기술이 선보이는 무대이기 때문이다.

집안의 외아들인데다 이미 처자식까지 두고 있었으나 나는 1968년 월남으로 떠났다.

이 곳 저 곳의 미군부대에서는 발전기 고장 등의 긴급연락이 쇄도했다. 발전기가 멈추면 부대가 먹을 고기가 모두 썩을 판이었다. 내 기술이 알려지면서 도처의 부대에서 비행기를 몰고 와 나를 불러가곤 했다. 나는 안 타본 비행기가 거의 없을 정도였다. 나는 가장 인정받으면서 동시에 새로운 것을 배우는 이중의 기쁨으로 충만했다.

그러나 행복에는 불행의 촉수가 숨어있는가. 어느 날 발전기를 고치다가 엔진의 속도를 조정하는 조속기를 만지던 오른손이 그만 냉각팬에 말려 들었다. 문자 그대로 일순간이었다. 손가락 세 개가 날아가면서 선혈을 뿜어냈다. 급히 병원으로 옮겨졌고 미국인 의사는 "의수를 하는 게 좋겠다"며 그러기 위해서는 손목부터 잘라내는 수술이 필요하다고 했다. 나는 알아서 하라고 했다. 마취에서 깨어난 나에게는 이미 손 하나가 없었다.

연구 위해 홀로서기

내 나이 서른다섯. 그러나 내 인생은 거기서 끝나 있었다. 희망이 없었다. 죽고 싶었다. 하다 못해 새끼 손가락 하나라도 살려 두었더라면 좋으련만, 내가 바보였다. 귀국 후를 위해 5000달러나 들여 전자시험장비들을 사고 첨단기술의 현장을 담아가려고 비디오 카메라도 사 두었는데 그게 다 무슨 소용이 있

발명가로 성공하는 길

으랴. 퇴원하자마자 그것들을 모두 팔아치웠다. 이런 몸으로 부모와 처자식을 볼 수는 없었기에 나는 귀국할 수가 없었다.

그래도 아버지의 회갑이 임박하자 마음이 정리되어 갔다. 태평양건설은 평생을 보장할 테니 미국에 가서 연구생활을 하라고 권유했지만 나는 월남행 2년 3개월 만에 귀국길에 올랐다. 기술에는 자신 있다는 믿음 하나뿐이었다. 귀국길에 홍콩과 대만을 거쳐 일본 도쿄에 들렀다. 마침 「엑스포 70」이 도쿄에서 열리고 있었기 때문이었다. 엑스포에서 나는 세계를 보았다. 세계의 기술과 만났다.

귀국 후 나는 칩거의 세월을 보냈다. 아무도 만나기 싫었다. 집에 틀어박혀 이 궁리 저 궁리 하다가 답답하면 마작에 손

을 대기도 했다. 그러다가 친구의 소개로 아남산업에 취직, 전기기술장이로 6년 남짓 일했다.

그러나 대기업은 자금력을 갖고는 있지만 신기술 개발에는 적합지 않다는 생각이 깊어졌다.

발명이나 개발이란 모험이며 투기이다. 그러나 대기업은 결재과정이 복잡하며 무엇보다도 합리성을 따진다. 나는 1977년 월급장이를 청산하고 친구 두 사람과 저항기 제작회사를 세웠다. 물론 나는 기술담당이었다. 회사는 성공했다. 그러나 우리는 다시 각자의 길을 가기로 했다.

1980년 마침내 숙원이던 나의 전기전자회사를 열었다. 서울 성수동에 자그마한 공장 하나, 자금 1억 3000만 원, 인원은 나와

발명가로 성공하는 길

운전사, 기술자, 여직원, 이렇게 모두 4명.

나는 석탄공사시절부터 줄곧 생각해왔던 숙제에 빠져들었다. 왜 모터가 불타는가. 그 원인을 찾아 나섰다. 흔히 TH라고 부르는 열동식 과전류 계전기가 그 범인이었다.

TH는 접속점이 10곳이나 되어 사고위험이 많고, 외기온도의 영향을 쉽게 받아 정확성이 떨어진다. 전류가 두 배 이상 흘러야 4분 후에 동작할 만큼 둔감하고 전력소비가 심하다. 이런 단점을 없앤 신제품을 만들어 내야 한다.

그러나 옥동자가 나와 세상의 인정을 받기까지에는 긴 시간이 걸렸다. 얼마 지나지 않아 1억 3000만 원이 바닥났다. 겨우 3000만 원을 융자받아 그럭저럭 연명했다. 나는 좁은 아파트에서 새벽 3시면 일어나 왼손에 연필을 들고 뭉뚝한 오른팔로 잣대를 누르며 끊임없이 설계도면을 그려갔다. 나의 설계도면을 특허청 심사관은 "도면이 왜 이리 지저분하냐"고 탓하기도 했다.

국제발명전서 金賞

세계 최초로 내가 개발한 전자식 과전류 계전기(EOCR)는 그렇게 태어났다. 미비점을 계속 보완, 1985년 전국우수발명품전시회에 EOCR을 출품했다.

대통령상. 나는 발명왕이 됐다. 나의 이 소중한 옥동자는 1989년 제네바 국제신기술발명전시회에서 전기전자부문 은상, 1992년 파리국제발명 르피느 대회에서 금상에 올라 주었다. 이

착한 놈 덕분에 나는 지구를 세 바퀴나 돌았다.

EOCR의 개발은 인류가 전기를 사용한 이래 기록될 만한 혁명의 하나라고 감히 말하고 싶다. 모터가 쉽게 불타 공장이 모두 멈추는 등의 산업손실을 최소화하고, 전력소모도 10분의 1로 줄였기 때문이다. 그러나 EOCR의 개발로 나의 발명인생에 휴식이 온 것은 아니었다.

아크(전기불꽃) 없는 개폐기는 또 하나의 혁명적 발명품으로

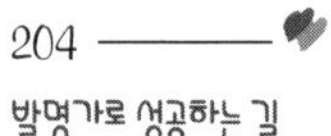
발명가로 성공하는 길

1989년 전국우수발명품전시회에서 최고상, 1990년 피츠버그 국제발명품전시회에서 은상을 받았다.

나는 아니 우리 삼화기연은 90건의 국내외 특허를 비롯해 모두 157건의 산업재산권을 취득했거나 출원 중이다. 발명품 가운데 15건이 상품화되어 회사도 종업원 120명의 규모로 컸다.

나는 5년 이내에 세계 100개 국에 EOCR 대리점을 낼 생각이다. 아크 없는 개폐기도 상품화, 양산체제를 갖추고 싶다. 이것을 이루어내고 에너지 절약과 대체에너지 개발을 위한 발명에 여력을 바치고 싶다.

《한국전기신문 1990. 4. 9, 명사의 제언》

선진국의 문턱에 서서
끊임없는 도전적 자세 필요

> 이 글은 1990년 4월에 쓴 '제언'이기는 하지만 현재의 상황에서도 도움이 될 것 같아 옮겨 싣기로 했습니다.

1990년대를 맞이한 우리 나라의 경제는 경제개발을 처음으로 시작하던 1960년대에 비해 양적인 면에서나 질적인 면에서 놀랄 만한 성장을 이룩했다.

우리가 이토록 눈부신 경제성장을 이룰 수 있었던 것은 그간 국민의 기본적인 생활을 보장해 주기 위한 정부의 경제우선정책과 그 같은 방침에 따라 맡은 바 책무를 성심성의껏 수행해온 각 생산업체 노동자들의 노고가 밑받침되었다는 것은 주지의 사실이다.

물론 그 동안 추진해온 성장일변도의 경제정책 과정에서 분배의 문제나 중소기업과 대기업의 갈등 등 여러 가지 문제점이 도출되었던 것도 사실이지만 하나의 목표를 향해 나아갈 때 나타날 수밖에 없는 현상이라고 할 수 있으며, 이제 그러한 문제를 조정하고자 하는 노력이 진행되고 있어 다행스럽게 생각된다.

모진 시련을 참으면서 다져온 우리의 경제.

이제는 이것들을 지키고 보다 더 육성시켜야 할 시기다.

그렇게 하기 위해서는 무엇보다도 정부와 생산업체 모두가 무엇인가 반드시 이루고야 말겠다는 의지와 끊임없는 도전적인 자세가 갖추어져야 한다.

초기단계의 빈곤함을 벗고 개발도상국이라는 명칭을 떨쳐버리고 중진국 대열에 들어선 것이 현재 우리 나라의 경제상황이다. 즉 우리 나라는 그토록 갈망해 오던 선진국의 문턱에 서 있는 것이다.

지금 경제대국으로서 세계시장을 좌우하고 있는 서독과 일본은 세계기능올림픽을 3연패한 후 당당히 선진국의 대열에 진입했다.

그러나 우리 나라는 그들의 몇 배에 달하는 기능올림픽대회 우승을 차지하고도 아직까지 선진국의 대열에 들어 있지 못하다. 이처럼 우리의 기술이 우수함에도 불구하고 다른 나라와 같이 선진국이 되지 못한 이유는 무엇일까? 이는 똑같은 기술력이라도 그것을 운용하는 제도적인 차이에서 오는 것이라고 할 수 있다.

과거에 비해 현재는 기술자에 대한 대우가 확실히 향상됐고, 사회적 인식도 크게 변화된 것이 사실이다. 하지만 아직도 우리 나라에서는 기술자에 대한 인식이 만족스러울 정도는 아니다.

때문에 우수한 인력이 우리 산업계의 밑바탕이 되는 기술계 쪽으로 몰리기보다는 인문계 부문으로 몰리고 있는 사실을 인정할 수밖에 없다. 즉 기능직을 우대하는 풍토가 하루 빨리 정착된다면 우리의 경제수준은 그만큼 빨리 향상될 수 있다는 것을 시사하고 있다.

최근 들어 각종 기술에 대한 습득이 조기부터 이루어져야 한다는 소리가 높게 일고 있다.

초·중등학교부터 기초적인 기술지식을 습득하고 고등학교 이후부터는 전문적인 기술분야에 접근할 수 있는 일관된 기술교육이 필요하다는 말이다.

우리의 기술력은 선진국에 비해 하드웨어 제작기술은 뒤떨어져 있지만 소프트웨어에 있어서는 얼마든지 다양한 응용을 구사할 수 있는 수준이다.

각 대학의 교수 및 연구소의 연구원들은 실제적 개발에 있

어서 바탕이 되는 기초과학을 연구하고, 이를 응용해서 실제로 적용하는 각 업체의 현장에서는 소프트웨어를 개발하는 산·학·연의 연계는 우리의 기술선진화의 밑거름이 될 것이다.

우리 나라에서 기술분야 최고의 권위자로 인정되고 있는 것은 박사, 기술사, 기능장으로 구분되고 있다.

박사는 관련분야의 기초과학 및 이론에 있어서의 권위자이며, 기술사는 그보다 더 상세한 부분까지 접근한 기술분야의 최고 권위자라 할 수 있고, 기능장은 현장경험에 있어서는 타의 추종을 불허하는 최고의 기술인을 의미한다.

때문에 기술력의 발전을 위해서는 각 분야에서 이들을 효율적으로 이용할 수 있는 배려가 필요하다.

나의 인생, 나의 제언

　　각종 기술시험이나 대회의 심사위원 구성을 보면 박사들이
주축을 이루고 있는데, 박사는 현장경험이 부족한 점을 감안,
기술사와 기능장을 동일하게 안배해야 할 것이다.

　　이 같은 노력은 작은 것 같지만 우수한 기술인력을 양성하
고, 이들을 통해 기술력을 배양하는 데 있어 토대가 될 것이 틀
림없다. 또 우리 나라도 이제는 많은 새로운 발명품이 나오고 있
다. 하지만 이 같은 발명이 실용화되는 것은 극히 드물다는 것은
어렵지 않게 알 수 있다.

　　이는 어떠한 것을 발명했더라도 그것을 실용화하는 데 필요
한 지속적인 막대한 연구개발비가 부족하기 때문이다. 따라서

발명가로 성공하는 길

이러한 발명을 우리의 실생활에 적용시키기 위해서는 엄격한 선별을 통해 선택된 제품에 대해서는 정부에서 지속적으로 지원해 주는 제도가 필요하다.

앞으로 우리가 여태까지 공들여 쌓아 올린 경제력을 보호, 육성하고 발전시키기 위해서는 끊임없이 새로운 분야를 연구개발하는 자세가 필요하다.

이는 어느 한 사람이 추진해야 할 문제가 아니며 정부, 학계, 업체 등 모두가 사명의식을 가지고 꾸준히 수행해야 할 사항인 것이다.

나의 인생, 나의 제언

전국민이 발명에 참여하는 길
하루가 새롭게 새로운 삶 개척해야

> 이 글은 1985년, 즉 13년 전에 쓴 '제언'이지만 현재의 상황
> 에 도움이 된다고 믿어 옮겨 싣기로 했습니다.

필요한 것을 연구(thinking)하고, 그 결과를 만들어(doing) 보고, 만든 물건이 생각대로 동작하고 실용성이 있는지 확인(confirm)하는 일을 반복하다보면 완전한 작품이 나오는데, 이것이 바로 발명품이다.

응용기술의 집산으로 결과를 얻는 일종의 예술활동이라 할 수 있는 발명활동을 하려면

첫째, 경험이 많아야 하고,

둘째, 끝장을 보는 집념과 이를 지탱해 주는 건강이 있어야 하며,

셋째, 연구결과를 실행하여 확인하는 과정이 길고 험난하기 때문에 돈(財力)이 필요하다.

빛을 보지 못한 발명가들의 대부분은 이 마지막 단계인 재력부족으로 인하여 뒷전에서 호시탐탐 기회만 노리는 재력 앞에

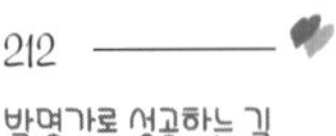

굴복하고 희생되는 예가 많다.

특허청과 발명특허협회에서는 이러한 폐단을 줄이고 신기술개발을 촉진시키기 위하여 특허권의 법적 보호, 시작품 지원, 전시회 개최, 발명품의 홍보 알선 및 자금지원 등 발명가들의 사기를 높여주기 위해 발명풍토조성에 힘을 다하고 있는 것으로 안다.

우리 발명가들은 이 기회를 활용하여 국가산업발전에 유익한 발명과 고안을 더욱 많이 창출하여야 할 책임을 느끼고 배가의 노력을 하여야 되겠다.

옛날 朱子는 "不日新者必日退(하루가 새로워지지 않는 자는

나의 인생, 나의 제언

반드시 하루를 퇴보하고 만다)"고 말씀하셨는데, 나는 이 말씀을 나의 좌우명으로 삼고 "하루가 새롭게"를 되새기면서 무엇인가 새로운 삶을 개척하려고 생각하며 살고 있다.

세계굴지의 대회사인 일본 National(松下電工)에서는 직원마다 하루 수 건 이상의 제안을 의무화하고 있다는 말을 들은 지 오래다.

이처럼 항상 생각하는 것을 생활화하도록 한 정신무장이 오늘의 대재벌을 이룩하게 했고, 이 회사의 제품은 어느 것이든 믿고 선택할 수 있도록 하는 원동력이 되었다고 하겠다.

여담이지만 엑스포 70에서 기념으로 사 온 National제 전기다리미와 헤어드라이어는 15년이 지난 지금에도 새 것 같고 기능이 좋으면서 쓰기 편하고 고장도 없다.

그렇다면 우리의 기술은 어디까지 왔나?

제2공화국 수립 후 기술도입의 문호개방정책으로 선진국의 기술과 장비가 물밀듯이 우리 나라로 들어왔다. 그 중에서 중화학계통의 기술은 발전속도가 느려서 별문제 없었지만 첨단산업인 컴퓨터, 산업전자 및 유전자공학분야는 세계의 기술이 하루가 다르게 발전하여 심한 것은 기술도입이 진행 중인 때에 새로운 것이 개발되는 등 로열티와 생산설비에 지불된 막대한 외화가 투자가 아닌 낭비 쪽으로 소모된 듯한 예도 없지 않았을 것으로 본다.

그러므로 지금부터 의타심을 버리고 기초적인 학술과 제조기술 정도의 기술도입에 만족하여야 한다.

그리고 나서 국제기능대회를 6연패한 기능과 선진국에 나아가 갈고 닦은 석학들의 합심된 노력과 온 국민의 정성어린 뒷받침으로 연구개발에 총력을 기울인다면 미국, 일본, 독일 등의 선진기술과 대등한 신기술개발을 해낼 수 있다고 확신한다.

거듭 강조한다면 '길이 없으면 찾아내고, 찾아도 없으면 길을 뚫어서라도 전진' 하려는 적극적인 자세로 정부와 국민과 발명가들이 혼연일체가 되어 노력해야 한다는 점이다.

선진국으로 향하는 출발지점에 서서 우리가 고쳐야 할 몇 가지를 지적하고자 한다.

흔히들 우리 국민은 외제품 선호경향이 있다고 하는데 외제품의 품질이 우수해서 좋아한다면 당연하다고 하겠으나 국산품이니까 품질이 형편없을 것이라고 지레짐작하는 체념적 태도와 그런 생각을 바탕에 깔고 국산이니까 외제보다 싸야 한다는 자학, 그리고 품질부터 알아보지 않고 가격부터 알아보려는 가난에 찌들린 원가의식이 문제이다.

'싸고 좋은 것'을 찾는 습관에서 '좋고 싼 것'을 찾는 국민의 식구조의 개혁 없이는 신기술 개발을 기대하기가 어렵다고 본다.

개발은 후진형 개발과 선진형 개발로 분류할 수 있는데 후진형 개발이란 가격부터 정해놓고 좋은 것을 찾으려는 고객을 의식하면서 기존품보다 가격이 싸야 한다는 전제하에 제품을 개발하는 형태이다. 가격에 맞는 제품을 개발하다 보면 원가절감은 될지 몰라도 질과 기능이 월등한 신기술 개발은 기대하기가 어렵다고 본다.

그러나 본인이 주장하는 선진형 개발은 가격 이전에 첫째,

나의 인생, 나의 제언

안전(safety)하여 고장이 없고 무쇠같이 튼튼한 제품이어야 되겠고, 둘째, 기능(function)이 다양하고 우수하여 제품의 특징을 최대한으로 살려야 하며, 셋째는 모양(design)이 좋아 쓰기에 편하고 소형이어야 하며, 끝으로 위의 세 가지 필수조건을 만족시키면서도 제품의 가격을 싸게 하려고 가치공학 측면에서 원가절감 요소를 찾아내려는 방식을 말한다.

기술개발의 진흥을 위하여 제안하면, 공업진흥청에서 품질향상을 위한 기술지도로 많은 효과를 얻고 있는 예와 같이, 신개발품도 개발자와 정부가 품질향상을 위한 공동노력체제를 구축하고, 한국공업규격(KS)이나 전기용품안전관리법의 기술기준에 규정이 없다고 하여 자유판매 허용으로 방치하지 말고, 관련규정들은 최대한 활용하면서 부족한 것은 제정하고 기존의 연구기관 중에서 특별히 지정해서 전담기구를 정립하는 것이 바람직하

발명가로 성공하는 길

다고 본다.

　이 시험기관의 시험에 합격하는 신개발품에 대하여는 별도의 표시를 부여해서 (K)나 (전)표시품과 대등한 품질로 공인하여 사회에 보급된다면 우선 국민이 안심하고 사용할 수 있는 여건이 조성된다고 확신한다.

　또한 국민들은 국산품이 외제품에 비하여 안전성, 기능, 외관 등에 손색이 없다면 외제품과 같은 값으로 사 줄 수 있는 용기와 아량이 필요하다.

　이렇게만 된다면 생산자들은 더 좋으면서도 값싼 제품을 개발하기 위하여 끊임없는 노력을 하게 되고, 국산품의 품질이 국제수준으로 향상됨으로써 수출이 증대되고, 나아가 외채라는 말이 사라지면서 채권국으로 발돋움하여, 선진조국이 바로 이루어

나의 인생, 나의 제언

질 수 있을 것이다.

아무리 좋은 물건을 만들어도 사 줄 사람이 없다면 모두 헛일이 되고 만다.

소비자인 산업체 종사자나 모든 국민이 신개발품에 적극적인 관심을 갖고 우선 시험품이라도 구매해서 사용해 본 다음, 외제보다 나쁘면 고치도록 지적해 주고 더 좋으면 칭찬해 주는 풍토가 조성되어야 한다.

이렇게만 된다면 개발사업의 주객이 바뀌어 개발의 주체는 소비자가 되고 발명가는 소비자가 요구하는 물건을 만드는 객체가 되어 모두 품질향상에 합심 노력하면 지금까지 수입에 의존하던 것들이 오히려 수출을 주도하는 우수한 제품으로 탈바꿈하게 될 것이다.

이것이 바로 전국민이 개발에 참여하는 길이며, 채무국에서 채권국으로 가는 가장 빠른 길이 아닐까 스스로 반문해 보면서 同好諸賢의 지도와 편달을 부탁드리는 바이다.

발명가로 성공하는 길

발명가로 성공하는 길

•

초판 발행 / 1998년 9월 20일
3쇄 발행 / 2000년 2월 5일

•

저 자 / 김 인 석
펴낸이 / 이 방 원
펴낸곳 / 세창출판사
주소 / 서울특별시 종로구 교남동 47-2
전화 / 723-8660   팩스 / 720-4579
e-mail / sc1992@mail.hitel.net
등록 / 1990. 10. 8 제 2-1068호(윤)

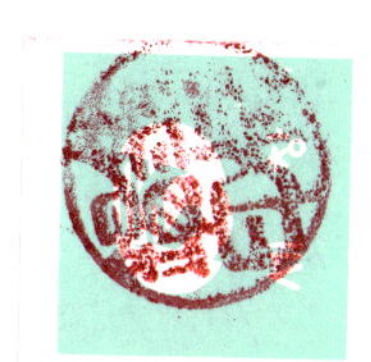

•

값 6,500 원

* 잘못 만들어진 책은 바꾸어 드립니다.

ISBN   89-85263-94-3   03000